低压电工培训教材

青岛中鲁安全技术服务有限公司　组　编
苌群云　徐海龙　张云龙　主　编
丁明正　宋林广　耿志刚　赵　健　副主编

電子工業出版社
Publishing House of Electronics Industry
北京 · BEIJING

图书在版编目（CIP）数据

低压电工培训教材 / 青岛中鲁安全技术服务有限公司组编；苌群云，徐海龙，张云龙主编.
—北京：电子工业出版社，2020.9
ISBN 978-7-121-39666-3

Ⅰ. ①低… Ⅱ. ①青… ②苌… ③徐… ④张… Ⅲ. ①低电压—电工技术—技术培训—教材
Ⅳ. ①TM08

中国版本图书馆 CIP 数据核字（2020）第 183127 号

责任编辑：马　杰
文字编辑：吴宏丽
印　　刷：北京盛通数码印刷有限公司
装　　订：北京盛通数码印刷有限公司
出版发行：电子工业出版社
　　　　　北京市海淀区万寿路 173 信箱　　　　邮编：100036
开　　本：787×1092　1/16　　印张：9.25　　字数：222 千字
版　　次：2020 年 9 月第 1 版
印　　次：2025 年 2 月第 2 次印刷
定　　价：32.80 元

凡所购买电子工业出版社图书有缺损问题，请向购买书店调换。若书店售缺，请与本社发行部联系，联系及邮购电话：（010）88254888，88258888。
质量投诉请发邮件至 zlts@phei.com.cn，盗版侵权举报请发邮件至 dbqq@phei.com.cn。
本书咨询联系方式：（0532）67772605，邮箱：majie@phei.com.cn。

前言

本书是为低压电工作业人员考试配套编写的培训教材，也可作为低压电工作业人员进行自学的工具书。

本书依据《中华人民共和国安全生产法》和《安全生产许可证条例》等相关安全生产及管理的法律法规，根据《低压电工作业人员安全技术培训大纲和考核标准》的相关要求编写。

本书较系统地介绍了低压电工应掌握的基本知识和实际操作技能。主要内容包括：安全生产法律、法规与安全管理，电工安全作业与防护，电工基础知识，低压电器，异步电动机，电气线路，照明设备和电力电容器。

本书的每章后面都配有习题，并有配套的答案，大部分习题选自低压电工作业人员考试题库。读者在学习相关内容的时候，应认真完成习题，并对照答案检查学习效果，以加深对知识的理解。

由于作者水平有限，书中难免有错误和不妥之处，希望使用本书的广大读者批评指正。

编著者

2020 年 3 月

低压电工培训教材

青岛中鲁安全技术服务有限公司　组编

主　编　苌群云　徐海龙　张云龙

副主编　丁明正　宋林广　耿志刚　赵　健

参与编写单位（排名不分先后）：

济南市应急管理技术服务中心

临沂赛富特安全技术服务有限公司

聊城市正信安全科学技术服务中心

滨州市安全评价中心有限公司

山东省淄博市工业学校

山东科技职业学院

寿光市职业教育中心学校

青岛市崂山区安全生产宣教（培训）中心

青岛中鲁安全技术服务有限公司

青岛市即墨区高级技工学校

青岛青安院环境与安全技术中心有限公司

青岛亚荔安全技术服务有限公司

目录

第1章

安全生产法律、法规与安全管理

1.1 安全生产方针

安全生产方针是对安全生产工作的总要求。我国的安全生产方针是“安全第一、预防为主、综合治理”。安全生产方针明确了安全生产的重要地位、主体任务和实现安全生产的根本途径。安全生产一直是我国的一项国策，是劳动者安全健康和发展生产力的重要保证，必须贯彻执行；安全生产也是维护社会安定团结，促进国民经济稳定、持续、健康发展的基本条件，是社会文明程度的重要标志。

图1.1 安全生产方针

一、安全生产方针的提出

1984年，主管安全生产的劳动人事部在呈报给国务院关于成立全国安全生产委员会的报告中把“安全第一、预防为主”作为安全生产方针写进了报告，并得到国务院的正式认可。

1987年1月26日，劳动人事部在杭州召开会议，把“安全第一、预防为主”作为劳动保护工作方针写进了我国第一部《劳动法(草案)》。

2002年6月29日发布并于2002年11月1日起实施的《中华人民共和国安全生产法》中，以法律形式将“安全第一、预防为主”确定为我国的安全生产方针，俗称为安全生产八字方针。

把“综合治理”充实到安全生产方针当中，始于中国共产党第十六届中央委员会第五次全体会议通过的《中共中央关于制定“十一五”规划的建议》。

2014 年 8 月 31 日第十二届全国人民代表大会常务委员会第十次会议通过关于修改《中华人民共和国安全生产法》的决定，修改后的《中华人民共和国安全生产法》自 2014 年 12 月 1 日起施行。新的《中华人民共和国安全生产法》的第三条规定“安全生产工作应当以人为本，坚持安全发展，坚持安全第一、预防为主、综合治理的方针，强化和落实生产经营单位的主体责任，建立生产经营单位负责、职工参与、政府监管、行业自律和社会监督的机制。”

从此，“安全第一、预防为主、综合治理”成为我国的安全生产方针，俗称为安全生产十二字方针。

二、安全生产方针的内涵

“安全第一、预防为主、综合治理”是我国安全生产方针，对大家来说是耳熟能详的了，但是，有些人只是把它当成了一个口号，这就大错而特错了。事实上“安全第一、预防为主、综合治理”有博大精深的具体内涵。

当安全与生产发生矛盾时，必须首先解决安全问题，保证劳动者在安全条件下进行生产劳动，而坚持安全第一，必须以预防为主，实施综合治理，只有有效防范事故，综合治理隐患，才能把“安全第一”落到实处。

1. 安全第一的具体内涵

在生产活动中，劳动者的生命安全是第一位的。生产和安全相互依存，不可分割。离开生产活动，安全就失去了意义，没有安全保障，生产就不能顺利进行。因此生产活动中必须将安全放在第一位，必须把保护劳动者在生产劳动中的生命安全和健康放在首要位置。

图 1.2 安全第一

抓生产首先抓安全，组织和指挥生产时，首先要认真全面地分析生产过程中存在和可能产生的危险有害因素的种类、数量、性质、来源、危害程度、危害途径及后果，分析可能产生危险有害因素的过程、设备、场所、物料和环境，从而为制订预防措施提供依据。要保证安全、预防事故，预知危险是第一位的，首先要知道有哪些危险，然后才能有针对性地采取预防措施。

当生产任务和安全工作发生矛盾时，应按“生产服从安全”的原则处理，把安全作为保障生产顺利进行的前提条件，只有确保了安全，才能进行生产。

在评价生产工作时，安全有“一票否决权”，没有抓好安全生产的领导是不称职的领导。各岗位上的生产人员，必须首先接受安全教育，并接受考核，合格后才能上岗。

2. 预防为主的具体内涵

预防为主是实施安全生产的根本途径。安全工作千千万，必须始终将“预防”作为主要工作予以统筹考虑。

预防为主是把预防生产安全事故的发生放在安全生产工作的主要位置。对安全生产进行管理，主要内容不是在发生事故后组织抢救，进行事故调查，找原因，追责任，堵漏洞；而是谋事在先，尊重科学，探索规律，采取有效的事前控制措施，千方百计地预防事故发生，做到防患于未然，将事故消灭在萌芽状态，以保证生产活动正常进行。

要做到预防为主，就要抓好培训教育，在提高生产经营单位主要负责人、安全管理干部和从业人员的安全素质上下功夫，最大限度地减少违章指挥、违章作业、违反劳动纪律的现象，努力做到“不伤害自己，不伤害他人，不被他人伤害”。

3. 综合治理的具体内涵

安全生产工作中出现这样或那样的问题，原因是多方面的，既有安全监管体制和制度方面的原因，也有法律制度不健全和安全科学技术的发展跟不上形势的原因，还与整个民族安全文化素质有密切的关系，所以，要搞好安全生产工作，就要在完善安全生产管理的体制和制度，加强安全生产法制建设，推动安全科学技术创新，弘扬安全文化等方面进行综合治理，只有这样，才能真正搞好安全生产工作。

1.2 安全生产法律、法规体系

我国已形成了以宪法为基本依据，以《中华人民共和国安全生产法》为核心，以有关法律、行政法规、地方性法规、国务院规章和地方政府规章为依托的安全生产法律体系。

法律有广义、狭义两种理解。从广义上讲，法律泛指一切规范性文件；从狭义上讲，法律仅指全国人民代表大会及其常务委员会制定的，由中华人民共和国主席签署主席令公布的规范性文件。在与法规等相提并论时，法律一般按狭义理解，下文中有时把它简称为法。

法律文件一般以《×××法》命名。

法规的效力仅次于法，它包括以下内容。

① 行政法规：由国家行政最高机关(即国务院)制定、由国务院总理签署国务院令公布的规范性文件。

② 地方性法规：由地方人民代表大会及其常务委员会制定，由大会主席团或常务委员会公布的规范性文件。

行政法规的效力要大于地方性法规。

法规文件一般以《×××条例》《×××规定》《×××办法》命名。

规章的效力次于法规，它包括以下内容。

① 国务院规章：由国务院部、委、办、局制定的部门规章。

② 地方政府规章：由地方政府制定的地方性规章。

规章文件一般以《×××规定》《×××办法》命名，但不能以《×××条例》命名。

安全生产法律、法规体系是一个包含多种法律形式和法律层级的综合性系统。

一、安全生产法律

国家有关安全生产方面的法律包括《中华人民共和国安全生产法》和与它平行的与安全生产有关的法律，如《中华人民共和国劳动法》《中华人民共和国职业病防治法》等。

1. 基础法

《中华人民共和国安全生产法》是我国安全生产的基本法律，它具有非常丰富的法律内涵，主要内容集中体现在它所确定的七章中。

2. 专门法

专门法是规范某一专业领域安全生产的法律，如《中华人民共和国矿山安全法》《中华人民共和国道路交通安全法》《中华人民共和国海上交通安全法》《中华人民共和国消防法》等。

3. 相关法

相关法是与安全生产相关的法律，指安全生产专门法律以外的其他法律中涵盖安全生产内容的法律，如《中华人民共和国劳动法》《中华人民共和国职业病防治法》等。

二、安全生产法规

安全生产行政法规是实施安全生产监督管理和监察工作的重要依据，是由国务院组织制定并批准，为实施安全生产或规范安全生产监督管理制度而公布的一系列具体规定，如《安全生产许可证条例》《中华人民共和国矿山安全法实施条例》《生产安全事故报告和调查处理条例》等。安全生产行政法规依据《中华人民共和国宪法》《中华人民共和国安全生产法》和《中华人民共和国劳动法》确立的原则，对安全生产的具体行政、制度、责任以及重要的安全卫生标准和管理要求做了统一规定，在全国范围内具有普遍的约束力。

安全生产地方性法规是有立法权的地方权力机关——人民代表大会及其常务委员会和地方政府制定的安全生产规范性文件，如《山东省安全生产条例》《山东省危险化学品安全管理办法》等。安全生产地方性法规由法律授权制定，它们是对国家安全生产法律、法规的补充和完善，它们以解决本地区某一特定的安全生产问题为目标，具有较强的针对性和可操作性。

三、安全生产规章

国务院部门安全生产规章由国务院有关部门为加强安全生产工作而公布的规范性文件组成，部门安全生产规章是安全生产法律、法规的重要补充，如《注册安全工程师职业资格制度规定》《特种作业人员安全技术培训考核管理规定》等。部门安全生产规章在我国安全生产监督管理工作中起着十分重要的作用。

地方政府安全生产规章一方面从属于法律和行政法规，另一方面又从属于地方法规，它们不能与所从属的法律、法规相抵触。

《中华人民共和国立法法》中有以下规定。

第九十一条　部门规章之间、部门规章与地方政府规章之间具有同等效力，在各自的权限范围内施行。

1.3　安全生产法律、法规简介

本节简单介绍部分安全生产法律、法规和规章。

一、《中华人民共和国安全生产法》

《中华人民共和国安全生产法》由中华人民共和国第九届全国人民代表大会常务委员会第二十八次会议于 2002 年 6 月 29 日通过公布，自 2002 年 11 月 1 日起施行。

2014 年 8 月 31 日第十二届全国人民代表大会常务委员会第十次会议通过了全国人民代表大会常务委员会关于修改《中华人民共和国安全生产法》的决定，自 2014 年 12 月 1 日起施行。

《中华人民共和国安全生产法》分 7 章，包括总则、生产经营单位的安全生产保障、从业人员的安全生产权利义务、安全生产的监督管理、生产安全事故的应急救援与调查处理、法律责任、附则。

《中华人民共和国安全生产法》第一条说明了立法目的。

第一条　为了加强安全生产工作，防止和减少生产安全事故，保障人民群众生命和财产安全，促进经济社会持续健康发展，制定本法。

《中华人民共和国安全生产法》作为我国系统规范安全生产管理的大法，既有现实意义，也有历史意义，它说明了国家对安全生产的重视程度。

负有安全生产监督管理职责的部门如图 1.3 所示。

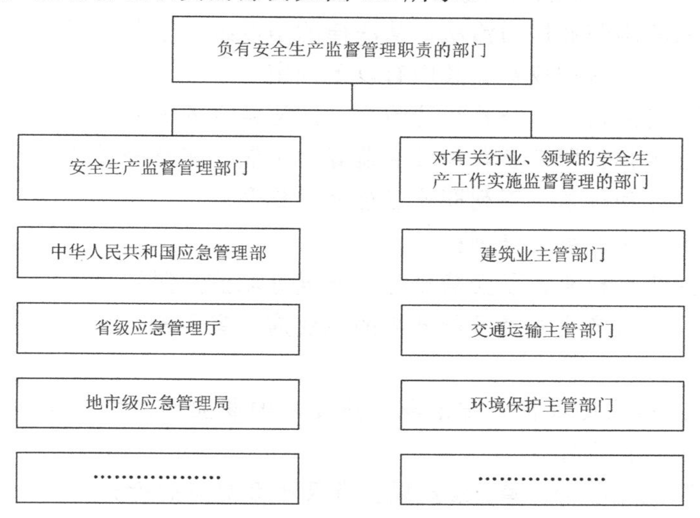

图 1.3　负有安全生产监督管理职责的部门

《中华人民共和国安全生产法》对安全生产监督管理部门有以下规定。

第六十二条　安全生产监督管理部门和其他负有安全生产监督管理职责的部门依法开展安全生产行政执法工作，对生产经营单位执行有关安全生产的法律、法规和国家标准或者行业标准的情况进行监督检查，行使以下职权：

(一)进入生产经营单位进行检查，调阅有关资料，向有关单位和人员了解情况；

(二)对检查中发现的安全生产违法行为，当场予以纠正或者要求限期改正；对依法应当给予行政处罚的行为，依照本法和其他有关法律、行政法规的规定作出行政处罚决定；

(三)对检查中发现的事故隐患，应当责令立即排除；重大事故隐患排除前或者排除过程中无法保证安全的，应当责令从危险区域内撤出作业人员，责令暂时停产停业或者停止使用相关设施、设备；重大事故隐患排除后，经审查同意，方可恢复生产经营和使用；

(四)对有根据认为不符合保障安全生产的国家标准或者行业标准的设施、设备、器材以及违法生产、储存、使用、经营、运输的危险物品予以查封或者扣押，对违法生产、储存、使用、经营危险物品的作业场所予以查封，并依法作出处理决定。

监督检查不得影响被检查单位的正常生产经营活动。

二、《中华人民共和国职业病防治法》

2001 年 10 月 27 日第九届全国人民代表大会常务委员会第二十四次会议通过了《中华人民共和国职业病防治法》。根据 2018 年 12 月 29 日第十三届全国人民代表大会常务委员会第七次会议《关于修改〈中华人民共和国劳动法〉等七部法律的决定》，对该法进行了第四次修改，修改后的《中华人民共和国职业病防治法》于 2018 年 12 月 29 日起实施。

《中华人民共和国职业病防治法》分 7 章，包括总则、前期预防、劳动过程中的防护与管理、职业病诊断与职业病病人保障、监督检查、法律责任、附则。

《中华人民共和国职业病防治法》从法律的角度维护了劳动者的健康权益，明确了劳动者享有的职业卫生保护权利，其中有以下规定。

第三条　职业病防治工作坚持预防为主、防治结合的方针，建立用人单位负责、行政机关监管、行业自律、职工参与和社会监督的机制，实行分类管理、综合治理。

第三十九条　劳动者享有下列职业卫生保护权利：

(一)获得职业卫生教育、培训；

(二)获得职业健康检查、职业病诊疗、康复等职业病防治服务；

(三)了解工作场所产生或者可能产生的职业病危害因素、危害后果和应当采取的职业病防护措施；

(四)要求用人单位提供符合防治职业病要求的职业病防护设施和个人使用的职业病防护用品，改善工作条件；

(五)对违反职业病防治法律、法规以及危及生命健康的行为提出批评、检举和控告；

(六)拒绝违章指挥和强令进行没有职业病防护措施的作业；

（七）参与用人单位职业卫生工作的民主管理，对职业病防治工作提出意见和建议。

用人单位应当保障劳动者行使前款所列权利。因劳动者依法行使正当权利而降低其工资、福利等待遇或者解除、终止与其订立的劳动合同的，其行为无效。

关于承担职业病诊断的医疗卫生机构，有以下规定。

第四十三条　职业病诊断应当由取得《医疗机构执业许可证》的医疗卫生机构承担。卫生行政部门应当加强对职业病诊断工作的规范管理，具体管理办法由国务院卫生行政部门制定。

承担职业病诊断的医疗卫生机构还应当具备下列条件：

（一）具有与开展职业病诊断相适应的医疗卫生技术人员；

（二）具有与开展职业病诊断相适应的仪器、设备；

（三）具有健全的职业病诊断质量管理制度。

承担职业病诊断的医疗卫生机构不得拒绝劳动者进行职业病诊断的要求。

《中华人民共和国职业病防治法》对用人单位需要做到的事项给出了若干规定。例如：对接触职业病危害因素的劳动者应进行上岗前职业健康检查；对接触职业病危害因素的劳动者应定期进行职业健康检查，对需要复查和医学观察的劳动者，应按照体检机构要求的时间，安排其复查和医学观察；对接触职业病危害因素的劳动者进行离岗时的职业健康检查；对遭受或者可能遭受急性职业病危害的劳动者，及时组织进行健康检查和医学观察；对疑似职业病的从业人员按规定向所在地卫生行政部门报告，并按照体检机构的要求安排其进行职业病诊断或者医学观察。

关于职业病诊断和职业病病人保障的详细内容，读者可以参阅《中华人民共和国职业病防治法》。

三、《中华人民共和国消防法》

1998 年 4 月 29 日第九届全国人民代表大会常务委员会第二次会议通过了《中华人民共和国消防法》。2008 年 10 月 28 日第十一届全国人民代表大会常务委员会第五次会议对该法进行修订，修订后的《中华人民共和国消防法》，自 2009 年 5 月 1 日起施行。根据 2019 年 4 月 23 日第十三届全国人民代表大会常务委员会第十次会议《关于修改〈中华人民共和国建筑法〉等八部法律的决定》，对该法又进行了修改，修改后的《中华人民共和国消防法》于 2019 年 5 月 1 日起施行。

《中华人民共和国消防法》分 7 章，包括总则、火灾预防、消防组织、灭火救援、监督检查、法律责任、附则。

《中华人民共和国消防法》有以下规定。

第十六条　机关、团体、企业、事业等单位应当履行下列消防安全职责：

（一）落实消防安全责任制，制定本单位的消防安全制度、消防安全操作规程，制定灭火和应急疏散预案；

（二）按照国家标准、行业标准配置消防设施、器材，设置消防安全标志，并定期组织检验、维修，确保完好有效；

(三)对建筑消防设施每年至少进行一次全面检测，确保完好有效，检测记录应当完整准确，存档备查；

(四)保障疏散通道、安全出口、消防车通道畅通，保证防火防烟分区、防火间距符合消防技术标准；

(五)组织防火检查，及时消除火灾隐患；

(六)组织进行有针对性的消防演练；

(七)法律、法规规定的其他消防安全职责。

单位的主要负责人是本单位的消防安全责任人。

第十七条　县级以上地方人民政府消防救援机构应当将发生火灾可能性较大以及发生火灾可能造成重大的人身伤亡或者财产损失的单位，确定为本行政区域内的消防安全重点单位，并由应急管理部门报本级人民政府备案。

消防安全重点单位除应当履行本法第十六条规定的职责外，还应当履行下列消防安全职责：

(一)确定消防安全管理人，组织实施本单位的消防安全管理工作；

(二)建立消防档案，确定消防安全重点部位，设置防火标志，实行严格管理；

(三)实行每日防火巡查，并建立巡查记录；

(四)对职工进行岗前消防安全培训，定期组织消防安全培训和消防演练。

第二十一条　禁止在具有火灾、爆炸危险的场所吸烟、使用明火。因施工等特殊情况需要使用明火作业的，应当按照规定事先办理审批手续，采取相应的消防安全措施；作业人员应当遵守消防安全规定。

进行电焊、气焊等具有火灾危险作业的人员和自动消防系统的操作人员，必须持证上岗，并遵守消防安全操作规程。

四、《安全生产许可证条例》

《安全生产许可证条例》是为了严格规范安全生产条件，进一步加强安全生产监督管理，防止和减少生产安全事故，根据《中华人民共和国安全生产法》的有关规定制定的，由中华人民共和国国务院于2004年1月7日首次发布，2004年1月13日起正式施行。2014年7月29日根据《国务院关于修改部分行政法规的决定》修改，自公布之日起施行。

《安全生产许可证条例》包括24条。

下面摘要介绍《安全生产许可证条例》中的有关内容。

1. 安全生产条件

第六条　企业取得安全生产许可证，应当具备下列安全生产条件：

(一)建立、健全安全生产责任制，制定完备的安全生产规章制度和操作规程；

(二)安全投入符合安全生产要求；

(三)设置安全生产管理机构，配备专职安全生产管理人员；

(四)主要负责人和安全生产管理人员经考核合格;

(五)特种作业人员经有关业务主管部门考核合格,取得特种作业操作资格证书;

(六)从业人员经安全生产教育和培训合格;

(七)依法参加工伤保险,为从业人员缴纳保险费;

(八)厂房、作业场所和安全设施、设备、工艺符合有关安全生产法律、法规、标准和规程的要求;

(九)有职业危害防治措施,并为从业人员配备符合国家标准或者行业标准的劳动防护用品;

(十)依法进行安全评价;

(十一)有重大危险源检测、评估、监控措施和应急预案;

(十二)有生产安全事故应急救援预案、应急救援组织或者应急救援人员,配备必要的应急救援器材、设备;

(十三)法律、法规规定的其他条件。

2. 生产前的申请程序

第七条 企业进行生产前,应当依照本条例的规定向安全生产许可证颁发管理机关申请领取安全生产许可证,并提供本条例第六条规定的相关文件、资料。安全生产许可证颁发管理机关应当自收到申请之日起45日内审查完毕,经审查符合本条例规定的安全生产条件的,颁发安全生产许可证;不符合本条例规定的安全生产条件的,不予颁发安全生产许可证,书面通知企业并说明理由。

煤矿企业应当以矿(井)为单位,依照本条例的规定取得安全生产许可证。

3. 生产许可证的有效期

第九条 安全生产许可证的有效期为3年。安全生产许可证有效期满需要延期的,企业应当于期满前3个月向原安全生产许可证颁发管理机关办理延期手续。

企业在安全生产许可证有效期内,严格遵守有关安全生产的法律法规,未发生死亡事故的,安全生产许可证有效期届满时,经原安全生产许可证颁发管理机关同意,不再审查,安全生产许可证有效期延期3年。

第十四条 企业取得安全生产许可证后,不得降低安全生产条件,并应当加强日常安全生产管理,接受安全生产许可证颁发管理机关的监督检查。

安全生产许可证颁发管理机关应当加强对取得安全生产许可证的企业的监督检查,发现其不再具备本条例规定的安全生产条件的,应当暂扣或者吊销安全生产许可证。

4. 举报权

第十七条 任何单位或者个人对违反本条例规定的行为,有权向安全生产许可证颁发管理机关或者监察机关等有关部门举报。

五、《工伤保险条例》

《工伤保险条例》由中华人民共和国国务院于2003年4月27日公布。2010年12月20日根据《国务院关于修改〈工伤保险条例〉的决定》进行修改,修改后的《工伤保险条例》自2011年1月1日开始施行。

《工伤保险条例》分8章，包括总则、工伤保险基金、工伤认定、劳动能力鉴定、工伤保险待遇、监督管理、法律责任、附则。

《工伤保险条例》中关于如何认定工伤，有下述规定。

第十四条　职工有下列情形之一的，应当认定为工伤：

(一)在工作时间和工作场所内，因工作原因受到事故伤害的；

(二)工作时间前后在工作场所内，从事与工作有关的预备性或者收尾性工作受到事故伤害的；

(三)在工作时间和工作场所内，因履行工作职责受到暴力等意外伤害的；

(四)患职业病的；

(五)因工外出期间，由于工作原因受到伤害或者发生事故下落不明的；

(六)在上下班途中，受到非本人主要责任的交通事故或者城市轨道交通、客运轮渡、火车事故伤害的；

(七)法律、行政法规规定应当认定为工伤的其他情形。

第十五条　职工有下列情形之一的，视同工伤：

(一)在工作时间和工作岗位，突发疾病死亡或者在48小时之内经抢救无效死亡的；

(二)在抢险救灾等维护国家利益、公共利益活动中受到伤害的；

(三)职工原在军队服役，因战、因公负伤致残，已取得革命伤残军人证，到用人单位后旧伤复发的。

职工有前款第(一)项、第(二)项情形的，按照本条例的有关规定享受工伤保险待遇；职工有前款第(三)项情形的，按照本条例的有关规定享受除一次性伤残补助金以外的工伤保险待遇。

《工伤保险条例》中关于如何进行劳动能力鉴定，有下述规定。

第二十一条　职工发生工伤，经治疗伤情相对稳定后存在残疾、影响劳动能力的，应当进行劳动能力鉴定。

第二十二条　劳动能力鉴定是指劳动功能障碍程度和生活自理障碍程度的等级鉴定。

劳动功能障碍分为十个伤残等级，最重的为一级，最轻的为十级。

生活自理障碍分为三个等级：生活完全不能自理、生活大部分不能自理和生活部分不能自理。

劳动能力鉴定标准由国务院社会保险行政部门会同国务院卫生行政部门等部门制定。

《工伤保险条例》中关于工伤保险待遇，有下述规定。

第三十条　职工因工作遭受事故伤害或者患职业病进行治疗，享受工伤医疗待遇。

职工治疗工伤应当在签订服务协议的医疗机构就医，情况紧急时可以先到就近的医疗机构急救。

治疗工伤所需费用符合工伤保险诊疗项目目录、工伤保险药品目录、工伤保险住院服务标准的，从工伤保险基金支付。工伤保险诊疗项目目录、工伤保险药品目录、工伤保险住院服务标准，由国务院社会保险行政部门会同国务院卫生行政部门、食品药品监督管理部门等部门规定。

职工住院治疗工伤的伙食补助费，以及经医疗机构出具证明，报经办机构同意，工伤职工到统筹地区以外就医所需的交通、食宿费用从工伤保险基金支付，基金支付的具体标准由统筹地区人民政府规定。

工伤职工治疗非工伤引发的疾病，不享受工伤医疗待遇，按照基本医疗保险办法处理。

工伤职工到签订服务协议的医疗机构进行工伤康复的费用，符合规定的，从工伤保险基金支付。

第三十三条　职工因工作遭受事故伤害或者患职业病需要暂停工作接受工伤医疗的，在停工留薪期内，原工资福利待遇不变，由所在单位按月支付。

停工留薪期一般不超过12个月。伤情严重或者情况特殊，经设区的市级劳动能力鉴定委员会确认，可以适当延长，但延长不得超过12个月。工伤职工评定伤残等级后，停发原待遇，按照本章的有关规定享受伤残待遇。工伤职工在停工留薪期满后仍需治疗的，继续享受工伤医疗待遇。

生活不能自理的工伤职工在停工留薪期需要护理的，由所在单位负责。

第三十四条　工伤职工已经评定伤残等级并经劳动能力鉴定委员会确认需要生活护理的，从工伤保险基金按月支付生活护理费。

生活护理费按照生活完全不能自理、生活大部分不能自理或者生活部分不能自理3个不同等级支付，其标准分别为统筹地区上年度职工月平均工资的50%、40%或者30%。

第四十五条　职工再次发生工伤，根据规定应当享受伤残津贴的，按照新认定的伤残等级享受伤残津贴待遇。

六、《生产安全事故报告和调查处理条例》

《生产安全事故报告和调查处理条例》由国务院于2007年3月28日公布，自2007年6月1日起施行。

《生产安全事故报告和调查处理条例》分6章，包括总则、事故报告、事故调查、事故处理、法律责任和附则。

下面摘要介绍《生产安全事故报告和调查处理条例》中的有关内容。

第二条　生产经营活动中发生的造成人身伤亡或者直接经济损失的生产安全事故的报告和调查处理，适用本条例；环境污染事故、核设施事故、国防科研生产事故的报告和调查处理不适用本条例。

第三条　根据生产安全事故（以下简称事故）造成的人员伤亡或者直接经济损失，事故一般分为以下等级：

（一）特别重大事故，是指造成30人以上死亡，或者100人以上重伤（包括急性工业中毒，下同），或者1亿元以上直接经济损失的事故；

（二）重大事故，是指造成10人以上30人以下死亡，或者50人以上100人以下重伤，或者5000万元以上1亿元以下直接经济损失的事故；

(三)较大事故，是指造成3人以上10人以下死亡，或者10人以上50人以下重伤，或者1000万元以上5000万元以下直接经济损失的事故；

(四)一般事故，是指造成3人以下死亡，或者10人以下重伤，或者1000万元以下直接经济损失的事故。

国务院安全生产监督管理部门可以会同国务院有关部门，制定事故等级划分的补充性规定。

本条第一款所称的“以上”包括本数，所称的“以下”不包括本数。

事故隐患分为一般事故隐患和重大事故隐患。一般事故隐患是指危害和整改难度较小，发现后能够立即整改排除的隐患。重大事故隐患是指危害和整改难度较大，应当全部或者局部停产停业，并经过一定时间整改治理方能排除的隐患，或者因外部因素影响致使生产经营单位自身难以排除的隐患。

七、《特种作业人员安全技术培训考核管理规定》

2010年4月26日国家安全生产监督管理总局局长办公会议审议通过《特种作业人员安全技术培训考核管理规定》，自2010年7月1日起施行。根据2013年8月29日国家安全监管总局令第63号第一次修正；根据2015年5月29日国家安全监管总局令第80号第二次修正。

《特种作业人员安全技术培训考核管理规定》分7章，包括总则、培训、考核发证、复审、监督管理、罚则、附则。

关于什么是特种作业，规定中有下述内容。

第三条　本规定所称特种作业，是指容易发生事故，对操作者本人、他人的安全健康及设备、设施的安全可能造成重大危害的作业。特种作业的范围由特种作业目录规定。

本规定所称特种作业人员，是指直接从事特种作业的从业人员。

根据规定，电工作业属于特种作业范围。

对特种作业人员，有以下规定。

第五条　特种作业人员必须经专门的安全技术培训并考核合格，取得《中华人民共和国特种作业操作证》(以下简称特种作业操作证)后，方可上岗作业。

第六条　特种作业人员的安全技术培训、考核、发证、复审工作实行统一监管、分级实施、教考分离的原则。

第八条　对特种作业人员安全技术培训、考核、发证、复审工作中的违法行为，任何单位和个人均有权向安全监管总局、煤矿安监局和省、自治区、直辖市及设区的市人民政府安全生产监督管理部门、负责煤矿特种作业人员考核发证工作的部门或者指定的机构举报。

对特种作业人员的培训，有以下规定。

第九条　特种作业人员应当接受与其所从事的特种作业相应的安全技术理论培训和实际操作培训。

已经取得职业高中、技工学校及中专以上学历的毕业生从事与其所学专业相应的特种作业，持学历证明经考核发证机关同意，可以免予相关专业的培训。

跨省、自治区、直辖市从业的特种作业人员，可以在户籍所在地或者从业所在地参加培训。

第十条 对特种作业人员的安全技术培训，具备安全培训条件的生产经营单位应当以自主培训为主，也可以委托具备安全培训条件的机构进行培训。

不具备安全培训条件的生产经营单位，应当委托具备安全培训条件的机构进行培训。

生产经营单位委托其他机构进行特种作业人员安全技术培训的，保证安全技术培训的责任仍由本单位负责。

对特种操作人员操作证的审核和发放，有以下规定。

第二十一条 特种作业操作证每3年复审1次。

特种作业人员在特种作业操作证有效期内，连续从事本工种10年以上，严格遵守有关安全生产法律法规的，经原考核发证机关或者从业所在地考核发证机关同意，特种作业操作证的复审时间可以延长至每6年1次。

第三十二条 离开特种作业岗位6个月以上的特种作业人员，应当重新进行实际操作考试，经确认合格后方可上岗作业。

第三十六条 生产经营单位不得印制、伪造、倒卖特种作业操作证，或者使用非法印制、伪造、倒卖的特种作业操作证。

特种作业人员不得伪造、涂改、转借、转让、冒用特种作业操作证或者使用伪造的特种作业操作证。

关于罚则，有以下规定。

第三十七条 考核发证机关或其委托的单位及其工作人员在特种作业人员考核、发证和复审工作中滥用职权、玩忽职守、徇私舞弊的，依法给予行政处分；构成犯罪的，依法追究刑事责任。

第三十八条 生产经营单位未建立健全特种作业人员档案的，给予警告，并处1万元以下的罚款。

第三十九条 生产经营单位使用未取得特种作业操作证的特种作业人员上岗作业的，责令限期改正，可以处5万元以下的罚款；逾期未改正的，责令停产停业整顿，并处5万元以上10万元以下的罚款，对直接负责的主管人员和其他直接责任人员处1万元以上2万元以下的罚款。

煤矿企业使用未取得特种作业操作证的特种作业人员上岗作业的，依照《国务院关于预防煤矿生产安全事故的特别规定》的规定处罚。

第四十条 生产经营单位非法印制、伪造、倒卖特种作业操作证，或者使用非法印制、伪造、倒卖的特种作业操作证的，给予警告，并处1万元以上3万元以下的罚款；构成犯罪的，依法追究刑事责任。

第四十一条　特种作业人员伪造、涂改特种作业操作证或者使用伪造的特种作业操作证的，给予警告，并处1000元以上5000元以下的罚款。

特种作业人员转借、转让、冒用特种作业操作证的，给予警告，并处2000元以上10000元以下的罚款。

1.4　安全生产标准

安全生产标准是安全生产管理的基础和监督安全执法工作的重要技术依据。下面介绍几个和安全生产有关的标准。

一、《企业安全生产标准化基本规范》

国家安全生产监督管理总局于2010年4月15日公布《企业安全生产标准化基本规范》（AQ/T 9006—2010），自2010年6月1日起施行，它使我国广大企业的安全生产标准化工作得到规范。新版《企业安全生产标准化基本规范》（GB/T 33000—2016）于2017年4月1日起正式实施，该标准实施后，原来的《企业安全生产标准化基本规范》（AQ/T 9006—2010）废止。新版《企业安全生产标准化基本规范》以国家标准发布实施，可以更好地指导和规范企业自主进行安全生产管理，深化企业安全生产标准化建设，引导企业科学发展、安全发展，做到安全不是“投入”而是“投资”，实现企业生产质量、效益和安全的有机统一，从而产生广泛而实际的社会效益和经济效益。

二、《危险化学品重大危险源辨识》

2018年11月19日，国家市场监督管理总局和中国国家标准化管理委员会发布2018年第15号公告，批准发布了《危险化学品重大危险源辨识》（GB 18218—2018）国家标准，于2019年3月1日起实施。《危险化学品重大危险源辨识》给出了各种危险物质的名称、类别及临界量。重大危险源是指长期地或临时地生产、储存、使用和经营危险化学品，且危险化学品的数量等于或超过临界量的单元。从狭义上说，可能导致重大事故发生的危险源就是重大危险源。

三、ISO14000

ISO14000环境管理系列标准是国际标准化组织（ISO）推出的一个管理标准。该标准由ISO/TC207的环境管理技术委员会制定，有14001到14100共100个号，统称为ISO14000系列标准。ISO14000系列标准要求企业提出自身的环境方针、环境目标和指标，落实责任部门和责任人，控制企业的原材料、生产过程和服务所产生的环境影响，同时对重大环境因素进行运行控制，并制定紧急情况下的应急措施，以减少因环境问题造成的人员伤亡和经济损失，同时建立健全内部的自我检查制度和自我完善机制，确保环境管理体系有效运行。企业通过 ISO14000 认证，可以向社会展示良好的“绿色”形象，从而取得社会的认可和赞誉，利于扩大市场。对于出口型企业，通过认证还可以避免国际贸易中“绿色壁垒”，增大贸易额。

近几年来，随着国际上对职业健康问题的关注，有些国家向国际标准化组织提出了制定职业健康安全管理体系国际标准的立项计划，并建议编号为 ISO18000，因此，我国就有了 ISO18000 的提法。

1.5　安全生产管理

根据相关的法律、法规和安全生产标准，可以对安全生产管理得出以下的认识。

安全生产管理是指对安全生产工作进行的管理和控制。

企业主管部门是企业经营及生产活动的管理机关，按照“管生产的同时管安全”的原则，企业主管部门在组织本部门、本行业的经营和生产工作时也负责安全生产管理。企业主管部门应组织督促所属企业单位贯彻安全生产方针、政策、法规、标准，根据本部门、本行业的特点制定相应的安全管理法规和技术法规，并向劳动安全监察部门备案，依法履行自己的管理职能。

为了搞好安全生产管理，企业应建立安全生产管理机构，配备安全生产管理人员，建立安全生产责任制和安全生产管理规章制度，建立安全生产档案，开展安全生产教育培训。

企业应建立安全生产目标和安全管理目标，明确安全生产管理对象。

① 安全生产目标：包括生产安全事故控制指标(事故负伤率及各类安全生产事故发生率)、安全生产隐患治理目标、安全生产和文明施工管理目标。这些目标中包括减少和控制危害，减少和控制事故，避免生产过程中由于事故造成人身伤害、财产损失、环境污染以及其他损失等具体的目标。

② 安全管理目标：包括安全生产行政管理、监督检查、工艺技术管理、设备设施管理、作业环境和条件管理等。

③ 安全生产管理对象：除包括企业的全体员工外，还包括设备设施、物料、环境、财务、信息等。

1.6 从业人员安全生产保障权利和义务

《中华人民共和国安全生产法》有如下规定。

第六条 生产经营单位的从业人员有依法获得安全生产保障的权利，并应当依法履行安全生产方面的义务。

第五十一条 从业人员有权对本单位安全生产工作中存在的问题提出批评、检举、控告；有权拒绝违章指挥和强令冒险作业。

生产经营单位不得因从业人员对本单位安全生产工作提出批评、检举、控告或者拒绝违章指挥、强令冒险作业而降低其工资、福利等待遇或者解除与其订立的劳动合同。

一、从业人员的安全生产保障权利

1. 知情权

从业人员在安全生产中有知悉、获取信息的权利。生产经营单位应如实告知从业人员应遵守的安全制度和安全操作规程，工作人员有权知晓工作场所和工作岗位存在的危险因素、防范措施和发生事故后应采取的应急措施。

2. 建议权

从业人员对安全生产工作有提出建议的权利。

3. 批评权

从业人员对安全生产工作中的缺点、错误有提出批评意见的权利。

4. 检举控告权

从业人员对安全生产工作中发生的违法失职行为，有向有关机关揭发和控告的权利。任何单位或者个人有权举报事故隐患或安全生产违法行为。

5. 拒绝权

从业人员有拒绝违章指挥和拒绝强令冒险作业的权利。

6. 紧急避险权

从业人员发现直接危及人身安全的紧急情况时，有权向上级汇报并停止作业或者在采取可能的应急措施后撤离作业场所。

7. 依法向本单位提出要求赔偿权

因生产安全事故受到损害，依照有关民事法律有获得赔偿权利的从业人员，有权向本单位提出赔偿要求。

8. 获得劳动防护用品以及获得安全生产教育和培训权

为保证生产中的人身安全，从业人员有获得符合国家标准或者行业标准规定的劳动防护用品以及获得安全生产教育和培训的权利。

二、从业人员的安全生产义务

1. 严格遵守安全生产规章制度和操作规程

从业人员有义务严格遵守安全生产规章制度和操作规程，确保现场作业符合要求，实现优质、高效、低耗、安全的生产。

2. 服从管理

从业人员工作期间一定要遵守安全生产管理的规章制度，服从正常的管理，保持生产经营活动的良好秩序，有效地避免和减少生产安全事故。

3. 正确佩戴和使用劳动防护用品

从业人员有义务按规则正确佩戴和使用劳动防护用品，如图 1.4 所示。劳动防护用品应符合国家安全标准或者行业标准。

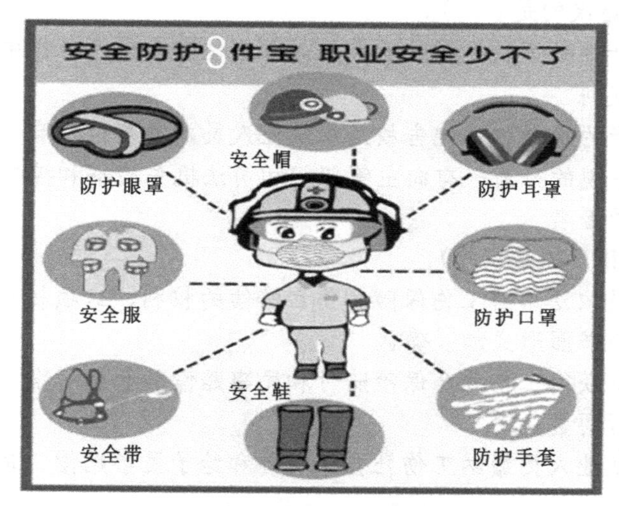

图 1.4 正确佩戴安全防护用品

4. 接受安全教育和培训

从业人员有义务按生产单位要求参加和接受安全生产教育和培训。安全生产教育和培训包括：安全生产思想教育、安全操作技能教育、建立安全生产培训档案。

5. 发现事故隐患及时报告

从业人员有义务及时、快速向有关负责人报告相关事故隐患。

习 题

一、单选题

1. 我国新版《中华人民共和国消防法》施行于（ ）。
   A. 1998 年 9 月 1 日　　B. 2009 年 5 月 1 日　　C. 2019 年 4 月 23 日
2. 下列不是我国有关安全生产专门法律的是（ ）。
   A.《中华人民共和国劳动法》
   B.《中华人民共和国突发事件应对法》
   C.《服务业管理规定》
3. 下列说法中错误的是（ ）。
   A. 安全生产的批评权是指从业人员对本单位安全生产工作中存在的问题有提出批评的权利
   B. 安全生产的检举权和控告权是指从业人员对本单位及有关人员违反安全生产法律、法规的行为，有向主管部门和司法机关检举和控告的权利
   C. 检举必须署名
4. 下列说法中错误的是（ ）。
   A. 从业人员依法享有工伤保险和伤亡赔偿的权利，这项权利必须以劳动合同必要条款的书面形式加以确认
   B. 从业人员获得工伤社会保险赔付和民事赔偿的金额标准、领取和支付程序，可以自行商量决定
   C. 依法为从业人员缴纳工伤社会保险费和给予民事赔偿，是生产经营单位的法律义务
5. 下列说法中错误的是（ ）。
   A. 生产经营单位必须依法参加工伤社会保险，为从业人员缴纳保险费
   B. 生产经营单位不得以任何形式与从业人员订立免除或者减轻其对从业人员因生产安全事故伤亡依法应承担的责任的协议
   C. 工伤保险费由企业按工资总额的一定比例缴纳，劳动者个人同样需要缴费
6. 下列说法中错误的是（ ）。
   A. 从业人员对于安全生产的知情权是保护劳动者生命健康的重要前提
   B. 从业人员有权了解其作业场所和工作岗位与安全生产有关的情况
   C. 从业人员对本单位的安全生产工作没有建议权
7. 下列说法中错误的是（ ）。
   A. 从业人员享有拒绝违章指挥和强令冒险作业的权利
   B. 从业人员需按照企业要求作业，否则可以被辞退
   C. 企业不得因从业人员拒绝违章指挥和强令冒险作业而对其进行打击报复
8. 如果某健康检查项目不是国家法律、法规制定的强制进行的项目，劳动者应本着

(　　)参加。

A. 自愿原则　　B. 服从单位安排原则　　C. 服从医嘱原则

9. 下列说法中错误的是(　　)。

A. 从业人员要提高责任能力，应积极参加安全学习及安全培训

B. 在生产中应正确分析、判断和处理各种事故隐患，把事故消灭在萌芽状态

C. 上岗时，可以不按规定正确佩戴和使用劳动防护用品

10. 最初的《中华人民共和国职业病防治法》于(　　)。

A. 2001 年 10 月 27 日通过

B. 2000 年 5 月 1 日通过

C. 2002 年 5 月 1 日通过

11. 关于从业人员的义务，下列说法中正确的是(　　)。

A. 未造成重大事故的善后可以自行商量决定

B. 正确佩戴和使用劳动防护用品是从业人员必须履行的义务

C. 用人单位不需要为从业人员提供必要的、安全的劳动防护用品

12. 关于安全生产中的监督权，下列说法中错误的是(　　)。

A. 对举报有功的人员不予奖励

B. 发动人民群众和社会力量对安全生产进行监督

C. 鼓励对安全生产违法行为进行举报

13. 下列关于推行 ISO14000 意义的说法中，错误的是(　　)。

A. 企业建立环境管理体系有法可依

B. 减少各项活动所造成的环境污染，节约资源，改善环境质量

C. 促进企业和社会的跨越式发展

14. 关于职业病的防治，用人单位应承担的责任和义务包括(　　)。

A. 对单位所有的劳动者进行职业健康监护

B. 对从事接触职业病危害因素作业的劳动者进行职业健康监护

C. 对从事接触职业病危害因素作业的正式工作进行职业健康监护

15. 下列说法中正确的是(　　)。

A. 当出现间接或者可能危及人身安全的情况时应立即撤离现场

B. 最大限度地保护现场作业人员的生命安全是第一位的

C. 保护现场作业人员的生命安全是次要的

16. 下列各项中，不属于职业病管理依据的是(　　)。

A.《职业安全卫生管理体系标准》

B.《中华人民共和国职业病防治法》

C.《职业病诊断与鉴定管理办法》

17. 下列关于从业人员权利的说法中，错误的是(　　)。

A. 从业人员享有拒绝违章指挥和强令冒险作业的权利

B. 发生生产安全事故后，从业人员先自行商量，待无法达成一致时再依照劳动合同和工伤社会保险合同的规定，获取相应的赔付金

C. 从业人员发现直接危及人身安全的紧急情况时，有停止作业或者在采取可能的应急措施后撤离作业场所的权利

18. 生产安全事故不包括(　)。

A. 生产过程中造成人员伤亡、伤害

B. 发生职业病

C. 设备更新的损失

19. 下列关于从业人员义务的说法中，错误的是(　)。

A. 生产经营单位的从业人员可以不服从管理，但必须符合法律规定

B. 生产经营单位必须制定本单位安全生产的规章制度和操作规程

C. 从业人员必须严格依照相关规章制度和操作规程进行生产经营作业

二、判断题

1. 事故隐患分为一般事故隐患和重大事故隐患两种。(　)

2. 推行 ISO14000 的意义之一是要求企业建立环境管理体系，以减少各项活动所造成的环境污染，节约资源，改善环境质量，促进企业和社会的可持续发展。(　)

3. 生产安全事故指在生产过程中造成人员伤亡、伤害、职业病、财产损失或其他损失的意外事件。(　)

4. 从业人员的权利主要包括：知情权、建议权、批评权、检举控告权，不包括拒绝违章指挥和强令冒险作业权。(　)

5. 行政法规、规章中的有关规范，不属于消防法规的基本法源。(　)

6. “综合治理”就是标本兼治，重在综合。(　)

7.《中华人民共和国安全生产法》规定，从业人员发现事故隐患或者其他不安全因素，应当立即向现场安全生产管理人员或本单位负责人报告，接到报告的人员应当及时予以处理。(　)

8.《中华人民共和国安全生产法》规定，生产经营单位对重大危险源应当告知从业人员和相关人员在紧急情况下应当采取的应急措施。(　)

9.《中华人民共和国安全生产法》规定，生产经营单位对重大危险源应当制定应急预案。(　)

10.《安全生产许可证条例》主要内容不包括目的、对象与管理机关、安全生产许可证的条件及有效期。(　)

11.《中华人民共和国安全生产法》规定，生产经营单位对重大危险源应当登记建档。(　)

12.《中华人民共和国职业病防治法》规定，职业病防治工作坚持预防为主、防治结合的方针，建立用人单位负责、行政机关监管、行业自律、职工参与和社会监督的机制，实行分类管理、综合治理。(　)

13.《中华人民共和国职业病防治法》是根据宪法制定的。(　)

14. 安全生产工作应当贯穿在生产活动的全过程中，尽量避免事故发生。(　)

15. 安全生产管理的基本对象是企业的员工，不涉及机器设备。(　)

16. 安全生产管理的目标是减少和控制危害，减少和控制事故，尽量避免生产过程中由于事故所造成的设备损坏、财产损失、环境污染，其他人员损失可以忽略。（ ）

17. 安全生产管理就是针对人们生产过程中的安全问题，运用有效的资源，发挥人们的智慧，通过人们的努力，进行有关决策、计划、组织和控制等活动，以达到安全生产的目的。（ ）

18. 承担职业病诊断的医疗卫生机构，应具备以下条件：持有《医疗机构执业许可证》；具有与开展职业病诊断相适应的医疗卫生人员；具有与开展职业病诊断相适应的仪器、设备；具有健全的职业病诊断质量管理制度。（ ）

19. 从事接触职业病危害因素作业的劳动者有权获得职业健康检查，但无权了解本人的健康检查结果。（ ）

20. 国家安全生产监督管理总局于2004年提出了《关于开展重大危险源监督管理工作的指导意见》。（ ）

21. 在国家标准GB 18218-2018《危险化学品重大危险源辨识》中，给出了各种危险物质的名称、类别及其临界量。（ ）

22. 职业安全健康管理体系的核心是要求企业采用现代化的管理模式，使包括安全生产管理在内的所有生产经营活动科学、规范和有效，建立安全健康风险意识，从而预防事故发生和控制职业危害。（ ）

23. ISO14000是国际标准化组织（ISO）第207技术委员会（TC207）从1993年开始制定的一系列环境管理国际标准。（ ）

24. 从狭义上说，重大危险源是指可能导致重大事故发生的危险源。（ ）

25. 劳动者如果不同意职业健康检查的结论，有权根据有关规定投诉。（ ）

26. 用人单位应安排从事接触职业病危害因素作业的劳动者进行上岗前的健康检查，但应保证其就业机会的公正性。（ ）

27. 职业病的诊断应依据职业病诊断标准，结合职业病危害接触史、工作场所职业病危害因素检测与评价、临床表现和医学检查结果等资料综合进行分析与诊断。（ ）

28. 重大危险源是长期地或临时地生产、储存、使用和经营危险化学品，且危险化学品的数量等于或超过临界量的单元。（ ）

29. 重大事故隐患是指危害和整改难度较大，应当全部或者局部停产、停业，并经过一定时间整改治理方能排除的隐患，或者因外部因素影响，致使生产经营单位自身难以排除的隐患。（ ）

30. 职业病诊断医师应具备的执业医师资格为：具有中级以上卫生专业技术职务任职资格；熟悉职业病防治法律规范和职业病诊断标准；从事职业病诊疗相关工作5年以上；熟悉工作场所职业病危害防治及其管理；经培训、考核合格，并取得省级卫生行政部门颁发的资格证书。（ ）

31. 职业健康检查是落实用人单位义务、实现劳动者权利的重要保障，是落实职业病诊断鉴定制度的前提，也是社会保障制度的基础，它有利于保障劳动者的健康权益，减少健康损害和经济损失，减轻社会负担。（ ）

第2章

电工安全作业与防护

随着电能应用的不断拓展，各种电气设备广泛进入社会、企业和家庭，与此同时，使用电气设备带来的不安全事故也不断发生。为了避免发生事故，在对电网本身的安全进行保护的同时，更要重视用电的安全。学习安全用电基本知识，掌握常规触电防护技术，是保证用电安全的有效途径。

2.1 触电事故及现场救护

一、触电危害

1. 什么是触电

人体触及带电体后，电流对人体造成伤害称为触电。触电有两种类型：电伤和电击。

① 电伤：电伤是指电流的热效应、化学效应、机械效应及电流本身作用造成的人体伤害。电伤会在人体皮肤表面留下明显的伤痕，常见的有灼伤、电烙伤和皮肤金属化等。

② 电击：电击是指电流通过人体内部，破坏人体内部组织，影响呼吸系统、循环系统及神经系统的正常功能，甚至危及生命的伤害。

在触电事故中，电击和电伤经常同时发生。

2. 影响触电危险程度的因素

① 电流大小：通过人体的电流越大，人体的生理反应就越明显、越强烈，引起心室颤动所需的时间就越短，致命的危害也就越大。按照通过人体电流的大小和人体所呈现的不同状态区分，可以把交流电分为以下三种。

感觉电流——引起人感觉的最小电流(1～3mA)。

摆脱电流——人体触电后能自主摆脱电源的最大电流(10mA)。

致命电流——在较短的时间内危及生命的最小电流(30mA)。

② 电流类型：交流电的危害性大于直流电，因为交流电主要麻痹破坏神经系统，触电者往往难以自主摆脱。一般认为 40～60Hz 的交流电对人最危险。随着频率增加，

危险性将降低。当频率大于 2000Hz 时，所产生的损害明显减小，但高压高频电流对人体仍然是十分危险的。

③ 电流作用时间：电流通过人体的时间越长，越容易造成心室颤动，对生命的危险性就越大。据统计，触电 1～5 分钟内急救，90%有良好的效果，10 分钟内，有 60%的救生率，超过 15 分钟，希望就很小了。患有心脏病者，触电后死亡的可能性更大。

④ 电流路径：电流通过头部可使人昏迷；通过脊髓可导致瘫痪；通过心脏会造成心跳停止，血液循环中断；通过肺部会造成窒息。从左手到胸部是最危险的电流路径；从手到手、从手到脚也是很危险的电流路径；从脚到脚是危险性较小的电流路径。

⑤ 人体电阻：人体电阻的阻值是不确定的，皮肤干燥时一般为 100kΩ 左右，潮湿时可降到 1kΩ。人体不同，对电流的敏感程度也不一样，一般来说，儿童较成年人敏感，女性较男性敏感。

⑥ 安全电压：安全电压是指人体不穿戴任何防护设备时，触及带电体不受电击或电伤的电压。触电的形式通常是人体的两处同时触及了带电体；或一处触及了带电体，另一处触及了接地体，而这两个物体之间存在电位差。因此在防护电击的措施中，要将流过人体的电流限制在无危险范围内，也就是说，将人体能触及的电压限制在安全的范围内。国家标准制定了安全电压系列，称为安全电压等级或额定值，这些额定值指的是交流电的有效值，分别为：42V、36V、24V、12V、6V 等几种。

二、常见的触电原因

1. 单相触电

当人站在地面上或其他接地体上，人体的某一部位触及一相带电体时，或人体的某一部分接触某一相带电体，另一部分接触中性线时，电流通过人体流入大地、接地体或中性线的触电，称为单相触电。中性点直接接地和不直接接地的单相触电电流流过的路径分别如图 2.1 的左图和右图所示。一般情况下，接地电网中的单相触电比不接地电网的单相触电危险性大。要避免单相触电，操作时必须穿上胶鞋或站在干燥的木凳上。

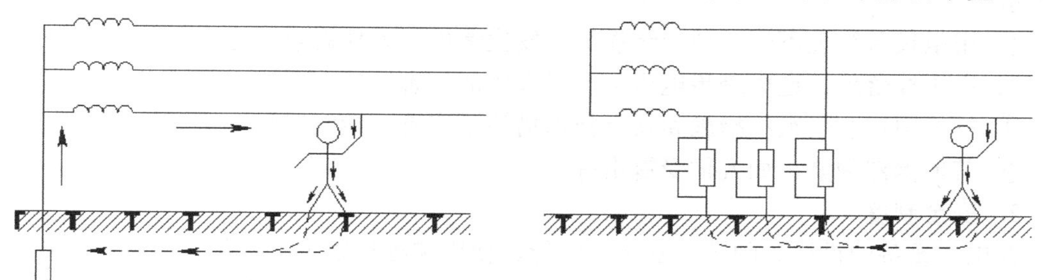

图 2.1 单相触电电流流过的路径示意图

2. 双相触电

双相触电是指人体两处同时触及同一电源的两相带电体，或在高压系统中，人体距离高压带电体小于规定的安全距离，造成电弧放电时，电流从一相导体流入另一相导体的触电方式，双相触电如图 2.2 所示。双相触电加在人体上的电压为线电压，因此不论电网的中性点接地与否，其触电的危险性都最大。

3. 跨步电压触电

当带电体接地时有电流从接地点向大地四处流散，在以接地点为圆心，半径为 20m 的圆内形成分布电位。当人站在接地点周围时，两脚之间(以 0.8m 计算)的电位差称为跨步电压，由此引起的触电事故称为跨步电压触电，如图 2.3 所示。在高压故障接地处，或有大电流流过的故障接地装置附近都可能出现较高的跨步电压，离接地点越近，两脚之间距离越大，跨步电压值就越大。在高压故障接地处 20m 以外，地面的电位近似为零。

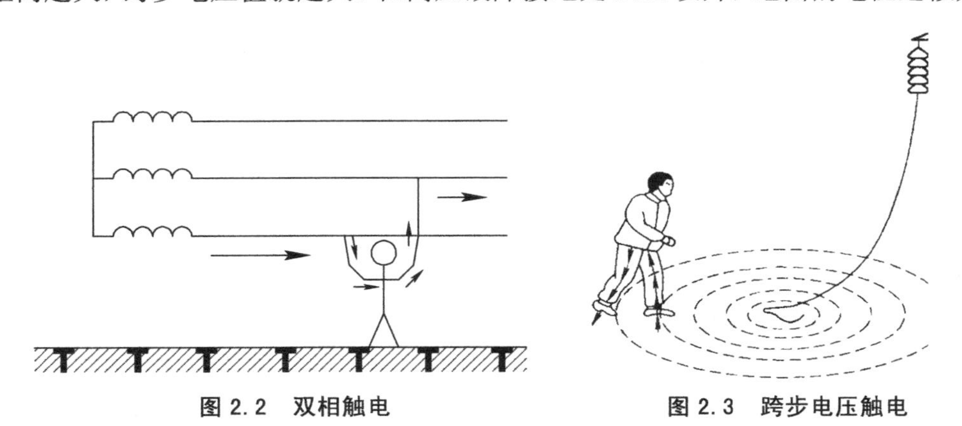

图 2.2 双相触电　　图 2.3 跨步电压触电

4. 剩余电荷触电

剩余电荷触电是指人体触及带有剩余电荷的设备时，设备对人体放电，造成的触电事故。当检修人员在检修中摇表测量停电后的并联电容器、电力电缆、电力变压器及大容量电动机等设备时，如果检修前后没充分对设备放电，就容易造成剩余电荷触电。

三、防止触电

1. 产生触电事故的原因

① 缺乏用电常识，触及了带电的导线；没有遵守操作规程，人体直接与带电体部分接触。

② 用电设备管理不当，使绝缘损坏，发生漏电，人体碰触漏电设备外壳。

③ 高压线落地，造成跨步电压引起对人体的伤害。

④ 检修中，安全组织措施和安全技术措施不完善，接线错误，造成触电事故。

⑤ 其他偶然因素，如人体受雷击等。

2. 安全制度

在电气设备的设计、制造、安装、运行、使用和维护以及专用保护装置的配置等环节，要严格遵守国家规定的标准和法规；加强安全教育，普及安全用电知识；建立健全安全规章制度，如安全操作规程、电气安装规程、运行管理规程、维护检修制度等，并在实际工作中严格执行。

3. 安全措施

① 停电工作。在线路上作业或检修设备时，采取切断电源、验电、装设临时线等措施，在停电后进行工作。

② 电气设备的金属外壳要保护接地或接零，安装自动断电装置，尽可能采用安全电压，保证电气设备具有良好的绝缘性能，使用安全电气用具，设置保护装置，保证人或物与带电体的安全距离，定期检查用电设备。

四、触电急救

1. 脱离电源

人在触电后可能由于失去知觉或通过人体的电流超过摆脱电流而不能自行脱离电源，此时抢救人员不要惊慌，要在保护自己不触电的情况下尽快使触电者脱离电源。

① 如果是接触电器触电，应立即断开近处的电源，可就近拔掉插头，断开开关。

② 如果是碰到破损的电线而触电，附近又找不到开关，可用干燥的木棒、竹竿、手杖等绝缘工具把电线挑开，挑开的电线要放置好，不要使人再触碰到。

③ 如一时不能实行上述方法，触电者又趴在电器上，可隔着干燥的衣物将触电者拉开。

④ 在脱离电源的过程中，如触电者在高处，要防止脱离电源后跌伤。

⑤ 在使触电者脱离电源的过程中，抢救者要防止自身触电。

2. 触电的急救方法

(1) 口对口人工呼吸法

维持人的生命，主要靠心脏跳动而产生血循环，通过呼吸而形成氧气与废气的交换。如果触电者受到的伤害较严重，失去知觉，停止呼吸，但心脏还跳动，就应采用口对口的人工呼吸法抢救。具体做法如下。

① 迅速解开触电者的衣服、裤带，松开上身的衣服、护胸罩和围巾等，使其胸部能自由扩张，不妨碍呼吸。

② 让触电者仰卧，不垫枕头，头侧向一边，清除其口腔内的血块、假牙及其他异物。

③ 触电者头后仰，救护人员位于触电者头部的左边或右边，用一只手捏紧其鼻孔不使漏气，另一只手将其下巴拉向下方，使其嘴巴张开，嘴上可盖上一层纱布，准备接受吹气。

④ 救护人员深呼吸后，紧贴触电者的嘴巴，向触电者大口吹气，同时观察触电者胸部隆起的程度，一般应以胸部略有起伏为宜。

⑤ 救护人员吹气至需要换气时，应立即离开触电者的嘴巴，并放松触电者的鼻子，让其自由排气。这时应注意观察触电者胸部的复原情况，趴在口鼻处，倾听有无呼吸声，从而检查呼吸是否阻塞。

(2) 人工胸外挤压心脏法

若触电者受伤害相当严重，心脏和呼吸都已停止，完全失去知觉，则应同时采用口对口人工呼吸和人工胸外挤压两种方法抢救。如果现场仅有一个人抢救，可交替使用这两种方法，先胸外挤压心脏4～6次，然后口对口呼吸2～3次，再挤压心脏，反复循环进行操作。人工胸外挤压心脏的具体做法如下。

① 解开触电者的衣裤，清除口腔内异物，使其胸部能自由扩张。

② 让触电者仰卧，姿势与口对口人工呼吸法相同，但背部着地处必须坚硬牢固。

③ 救护人员跨跪在触电者的腰部两侧，将一只手的掌根放在心窝稍高一点儿的地方(胸骨的下三分之一部位)，中指指尖对准锁骨间凹陷处边缘，另一只手压在那只手上，呈两手交叠状(对儿童可用一只手)。

④ 救护人员找到触电者的正确压点，自上而下，垂直均衡地用力挤压，压出心脏里面的血液，注意用力要适当。

⑤ 挤压后，掌根迅速放松(但手掌不要离开胸部)，使触电者胸部自动复原，心脏扩张，让血液流回心脏。

2.2 防触电技术

为了达到安全用电的目的，必须采用可靠的技术措施，防止触电事故发生。绝缘、保持间距、漏电保护、安全电压、设置屏护等，都是防止直接触电的措施。保护接地、保护接零则是防止间接触电的基本措施。

一、绝缘

1. 绝缘的作用

绝缘是用绝缘材料把带电体包裹起来，实现带电体之间、带电体与其他物体之间的电气隔离，使设备能长期安全、正常地工作，同时可以防止人体触及带电体后发生触电事故。绝缘在电气安全中十分重要，良好的绝缘是设备和线路正常运行的必要条件，也是防止触电事故的重要措施，被广泛应用在电气设备、装置及电气工程中。胶木、塑料、橡胶、云母及矿物油等都是常用的绝缘材料，使用它们绝缘具有很强的隔电效果。

2. 绝缘破坏

绝缘体承受的电压超过一定数值时，电流穿过绝缘体而发生放电的现象称为电击穿(简称为击穿)。气体绝缘体在击穿电压消失后，绝缘性能还能恢复；液体绝缘体多次被击穿后，将严重降低绝缘性能；固体绝缘体被击穿后，就不能再恢复绝缘性能了。绝缘材料除因为在强电场作用下被击穿而破坏外，自然老化、热老化、电化学击穿、机械损伤、潮湿、腐蚀等也会降低其绝缘性能或导致绝缘破坏。在长时间存在电压的情况下，由于绝缘材料的自然老化、电化学作用、热效应作用，使其绝缘性能逐渐降低，有时电压并不是很高也会造成电击穿。所以对绝缘材料需定期检测，保证电气绝缘安全可靠。

3. 绝缘安全用具

手持电动工具的操作者必须戴绝缘手套、穿绝缘鞋(靴)，或站在绝缘垫(台)上工作。采用这些绝缘安全用具，可以使人与地面或使人与工具的金属外壳(包括与之相连的金属导体)隔离开来，这是一种简便可行的安全措施。为了防止机械伤害，使用手电钻时不允许戴线手套。绝缘安全用具应按有关规定定期进行耐压试验和外观检查，严禁使用不合格的安全用具。绝缘安全用具应由专人负责保管和检查。常用的绝缘安全用具有绝缘手套、绝缘靴、绝缘鞋、绝缘垫和绝缘台等。绝缘安全用具可分为基本安全用具和辅助安全用具。基本安全用具的绝缘强度能长时间承受电气设备的工作电压，使用时，可直接接触电气设备的有电部分。辅助安全用具的绝缘强度不足以承受电气设备的工作电压，只起到加强基本安全用具的辅助作用，必须与基本安全用具一起使用。在低压带电设备上工作时，绝缘手套、绝缘鞋(靴)、绝缘垫可作为基本安全用具使用，在高压情况下，只能用作辅助安全用具。

二、屏护

屏护是指采用遮栏、栅栏、围墙、护罩、护盖或隔离板等把带电体同外界隔绝开，以防止人体触及或接近带电体的一种安全技术措施。除防止触电的作用外，有的屏护装置还能起到防止电弧伤人、防止弧光短路或便利检修工作等作用。在配电线路和电气设备的带电部分不便加包绝缘或绝缘强度不足时，就应该采用屏护措施。例如开关电器的可动部分一般不能加包绝缘，这时就需要屏护。防护式开关电器本身带有屏护装置，如胶盖闸刀开关的胶盖、铁壳开关的铁壳等；开启式石板闸刀开关需要另加屏护装置。起重机滑触线以及其他裸露的导线也需另加屏护装置。对于高压设备，由于全部加包绝缘有困难，而且当人接近至一定程度时，即使加包绝缘也会发生严重的触电事故，因此，不论高压设备是否已加包绝缘，都要采取屏护或其他防止接近的措施。

屏护装置应该符合间距要求及有关规定，并根据需要配以明显的标志。要求较高的屏护装置，还应装设信号指示和联锁装置。下面介绍几种常用的屏护装置。

1. 遮栏

遮栏用于室内高压配电装置，宜做成网状，网孔不应大于40mm×40mm，也不应小于20mm×20mm。遮栏的高度应不低于1.70m，底部距地面不应大于0.1m。金属遮栏必须妥善接地并加锁。

2. 栅栏

栅栏用于室外配电装置，其高度不应低于1.50m；若室内场地较开阔，也可设置高度不低于1.20m的栅栏。栅条间距和最低栏杆至地面的距离都应小于200mm。用金属制作的栅栏应妥善接地。

3. 围墙

室外落地安装的变配电设施应设置完好的围墙，墙的实体部分高度不应低于2.5m。10kV及以下落地式变压器台四周须装设遮栏，遮栏与变压器外壳相距不应小于0.8m。

4. 保护网

保护网分为铁丝网和铁板网。当明装裸导线或母线跨越通道时，若对地面的距离不足2.5m，应在其下方装设保护网，以防止发生高处坠落物体事故或上下碰触事故。

使用屏护装置时，还应注意以下几点。

① 屏护装置与带电体之间应保持足够的安全距离。

② 被屏护的带电部分应有明显标志，标明规定的符号或涂上规定的颜色。屏护装置上应有明显的标志，如根据被屏护的对象的具体情况，挂上“止步，高压危险！”“禁止攀登，高压危险！”等标志牌，必要时还应上锁。标志牌只应由担负安全责任的人员进行布置和撤除。

③ 屏护装置出入口的门应根据需要装锁，或采用信号装置、联锁装置。前者一般是用灯光或仪表指示有电；后者是采用专门装置，当人体越过屏护装置而可能接近带电体时，被屏护的带电体将自动断电。

三、漏电保护器

漏电是指电器绝缘损坏或其他原因造成导电部分碰壳，这时如果电器的金属外壳是接地的，那么电就由电器的金属外壳经大地构成通路，从而形成电流，这种电流称为漏电电流，也称为接地电流。当漏电电流超过允许值时，漏电保护器能自动切断电源或报警，以保证人身安全。漏电保护器动作灵敏，切断电源的时间短，因此只要合理选用、正确安装和使用漏电保护器，除能够保护人身安全以外，还有防止电气设备损坏及预防火灾的作用。

1. 必须安装漏电保护器的设备与场所

① 安装在潮湿、强腐蚀性等环境恶劣场所的电气设备。

② 建筑施工工地的电气施工机械设备。

③ 临时用电的电气设备。

④ 宾馆、饭店及招待所客房内的插座回路。

⑤ 建筑物内的插座回路。

⑥ 游泳池、喷水池、浴室中的水中照明设备。

⑦ 安装在水中的供电线路和设备。

⑧ 医院中直接接触人体的医用设备。

2. 漏电保护器的安装要求

① 保护器应符合选择条件。

② 保护器试验按钮回路的工作接线不能接错。

③ 总保护和干线的保护器应安装在配电室内，支线或终端线的保护器应安装在配电箱或配电板上。

④ 在保护器负荷侧的零线不得重复接地或与设备的保护接地线相连。

⑤ 设备的保护接地线不可穿过零序电流互感器的贯穿孔。

⑥ 保护器应远离大电流母线。

⑦ 保护器本身所用的交流电源应从零序电流互感器的同一侧取得。

⑧ 电路接好后，应首先检查接线是否正确，并通过试验按钮进行试验，按下试验按钮，保护器应能动作。

3. 漏电保护器的使用与维护

① 漏电保护器在投入运行后，应建立相应的管理制度并做好运行记录。

② 每月需在通电状态下，检查保护器动作是否可靠。

③ 应定期对保护器进行动作特性试验。

④ 退出运行的保护器再次使用前，应进行动作特性试验。

⑤ 定期分析保护器的运行情况，及时更换有故障的器件。

⑥ 保护器的维修应由专业人员进行。

⑦ 保护器动作后，经检查未发现事故原因的，允许试送电一次，不得连续强行送电。

⑧ 在保护器的保护范围内如果发生电击事故，应分析保护器未能起到保护作用的原因。

四、安全电压

把可能加在人身上的电压限制在某一范围之内，使得通过人体的电流不超过允许范围的电压称为安全电压，也称为安全特低电压。但应注意，任何情况下都不能把安全电压理解为绝对没有危险的电压。我国确定的安全电压标准是 42V、36V、24V、12V、6V。危险环境中使用的手持电动工具应采用 42V 安全电压；有电击危险环境中使用的手持式照明灯和局部照明灯应采用 36V 或 24V 安全电压；金属容器内、特别潮湿处等特别危险环境中使用的手持式照明灯应采用 12V 安全电压；在水下等场所作业应使用 6V 安全电压。当电气设备采用超过 24V 的安全电压时，必须采取防止直接接触带电体的保护措施。

五、保持间距

1. 安全间距

安全间距是指带电体与地面之间、带电体与其他设施和设备之间、带电体与带电体之间应保持的一定的安全距离。设置安全间距的目的是，防止人体触及或接近带电体造成触电事故，防止车辆或其他物体碰撞或过分接近带电体造成事故，防止电气短路、过电压放电和火灾事故。安全间距的大小取决于电压高低、设备类型、安装方式等因素。

2. 设备间距

设备间距是指配电装置的布置应考虑方便设备搬运、检修、操作和试验。为了工作人员安全，配电装置之间需要保持必要的安全通道。例如在配电室内的低压配电装置正面的通道宽度，单列布置时应不小于 1.5m。室内变压器与四壁应留有适当距离。

3. 检修间距

检修间距是指维护检修中人体及所带工具与带电体之间必须保持的足够的安全距离。在低压电检修工作中，人体及所携带的工具与带电体距离不应小于 0.1m。

六、接地与接零

工厂中使用的电气设备很多，为了防止触电，通常可采用绝缘、隔离等技术措施以保障用电安全。但工人在生产过程中经常接触的是电气设备不带电的外壳或与其连接的金属体，万一发生漏电故障时，平时不带电的外壳就会带电，并与大地之间出现电位差，从而使操作人员触电，这种意外的触电非常危险。解决这种不安全问题的主要措施就是对电气设备的外壳进行保护接地或保护接零。

1．保护接地

保护接地是指将电气设备平时不带电的金属外壳用专门设置的接地装置实现良好的金属性连接。保护接地的作用是当设备金属外壳意外带电时，将其对地电压限制在规定的安全范围内，消除或减少触电的危险。

（1）低压不接地配电网中的保护接地电气设备

① 中性线 N：中性线引自电源中性点，其功能为通过单相负荷的工作电流，用来通过三相电路中的不平衡电流及三次谐波电流，使不平衡三相负荷上的电压均等。

② 保护线 PE：以防止触电为目的而用来与设备或线路的金属外壳、接地母线、接地端子等进行电气连接的导线或导体。

③ 保护零线 PEN：零线(与大地有良好的电气接触的中性线称为零线)N 与保护线 PE 共为一体的导线或导体称为保护零线或保护中性线，同时具有零线和保护线两种功能。

（2）配电网接地方式的分类

低压配电系统是电力系统的末端，分布广泛，几乎遍及建筑的每一角落，平常使用最多的是 380/220V 的低压配电系统。从安全用电考虑，低压配电系统有三种接地形式，IT 系统、TT 系统、TN 系统。TN 系统又分为 TN-S 系统、TN-C 系统、TN-C-S 系统三种形式。

IT 系统是指电源中性点不接地或经足够大阻抗接地，电气设备的外露可导电部分经各自的保护线 PE 分别直接接地的三相三线制低压配电系统。

TT 系统是指电源中性点直接接地，而设备的外露可导电部分经各自的保护线 PE 分别直接接地的三相四线制低压配电系统。

TN 系统是指电源系统有一点(通常是中性点)接地，电气设备的外露可导电部分经保护线 PE 连接到此接地点的低压配电系统。分为 TN-S 系统、TN-C 系统、TN-C-S 系统三种形式。

以上形式划分的第 1 个字母反映电源中性点接地状态：T 表示电源中性点接地，I 表示电源中性点没有接地(或采用阻抗接地)。第 2 个字母反映负载侧的接地状态：T 表示负载保护接地，但与系统接地相互独立；N 表示负载保护接零，与系统接地相连。第 3 个字母 C 表示零线(中性线)与保护零线共用一线；第 4 个字母 S 表示中性线与保护零线各自独立，各用各线。

2．保护接零

将电气设备在正常情况下不带电的金属外壳与变压器中性点引出的零线或保护零线相连接称为保护接零。

当某相带电部分碰触电气设备的金属外壳时，通过设备外壳形成该相线对零线的单相短路回路，这种短路电流较大，足以保证在最短的时间内使熔断器中的熔体熔断或使保护装置、自动开关跳闸，从而切断电流，保障人身安全。

保护接零主要用于三相四线制中性点直接接地供电系统中的电气设备。在工厂中用于380/220V的低压设备上。在中性点直接接地的低压配电系统中，为确保保护接零安全可靠，防止零线断线造成危害，系统中除了工作接地(电力系统中为了电气设备正常工作而对某些点做的接地)外，还必须在整个零线的其他部位再进行必要的接地，这种接地称为重复接地。

3. 电气设备的接地范围

根据安全规程规定，下列电气设备的金属外壳应该接地或接零。

① 电机、变压器、照明器具、携带式及移动式用电器具等的底座和外壳，如手电钻、电冰箱、电风扇、洗衣机等。

② 交流和直流电力电缆的接线盒、终端头的金属外壳、电线和电缆的金属外皮、控制电缆的金属外皮、穿线的钢管、电力设备的传动装置、互感器二次绕组的一个端子及铁芯。

③ 配电屏与控制屏的框架、室内和外配电装置的金属构架、钢筋混凝土构架、安装在配电线路杆上的开关设备、电容器等电力设备的金属外壳。

④ 在非沥青路面的居民区中，压架空线路的金属杆塔、钢筋混凝土杆、中性点非直接接地的低压电网中的铁杆、钢筋混凝土杆、装有避雷线的电力线路杆塔。

2.3 电气防火与防爆

火灾和爆炸往往会造成重大的人身伤亡和设备损坏。电气火灾与爆炸是指由于电气方面的原因形成的火源所引起的火灾和爆炸，电气火灾和爆炸事故在火灾和爆炸事故中占很大的比例。配电线路、高低压开关电器、熔断器、插座、照明器具、电动机、电热器等电气设备均可能引起火灾。电力电容器、电力变压器、电力电缆等电气装置除可能引起火灾外，本身也可能发生爆炸。

一、电气火灾原因与预防

1. 电气火灾产生的原因

几乎所有的电气故障都可能导致电气火灾。如设备材料选择不当，过载、短路或漏电，照明及电热设备出现故障，熔断器烧断，接触不良以及雷击、静电等，都可能引起高温、高热或者产生电弧、放电火花，从而引发火灾事故。有的火灾是人为的，比如思想麻痹，疏忽大意，不遵守有关防火法规，违反操作规程；而从电气设备本身看，有些火灾是因为电气设备质量有问题、安装使用不当、保养不良造成的。

2. 电气火灾的预防

预防电气火灾，应按用电场所的危险等级正确地选择、安装、使用和维护电气设备及电气线路，按规定正确采用各种保护措施。在线路设计上，应充分考虑负载容量及合理的过载能力；在用电上，应禁止过度超载及乱接乱搭电源线；对需要在监护下使用的电气设备，应“人去停用”；对易引起火灾的场所，应注意加强防火，配置防火器材。

预防电气火灾必须采取综合措施，包括合理选用和正确安装电气设备及电气线路，保持电气设备和线路的正常运行，保证必要的防火间距，保持良好的通风，装设良好的保护装置等技术措施。

3. 电气火灾的紧急处理

发生电气火灾应首先切断电源，同时，拨打火警电话报警。

电气设备或电气线路发生火灾，如果不及时切断电源，扑救人员身体或所持器械接触带电体会造成触电事故。因此，发现起火后，首先要设法切断电源。切断电源时应注意以下事项。

① 发生火灾后，由于受潮和烟熏，开关设备绝缘能力降低，因此，拉闸时最好用绝缘工具操作。

② 对高压电，应先操作断路器而不应先操作隔离开关切断电源；对低压电，为避免引起弧光短路，应先操作电磁启动器而不应先操作刀开关切断电源。

③ 剪断电线时，不同相的电线应在不同的部位剪断，以免造成短路。剪断空中的电线时，剪线位置应选择在电源方向的支持物附近，以防止电线剪后断落下来，造成接地短路和触电事故。

4. 灭火器的使用范围和方法

灭火器是一种轻便的灭火工具，火灾发生初期火势较小，正确用好灭火器，能将火灾消灭在初起阶段，不至于使小火酿成大灾，从而避免重大损失。不同种类灭火器的结构和使用方法不相同，适用于扑救不同物质引起的火灾。

① 泡沫灭火器。泡沫灭火器产生的泡沫能覆盖在燃烧物的表面，阻止空气进入。泡沫灭火器最适宜扑救液体火灾，但不能扑救水溶性可燃、易燃液体（如醇、酯、醚、酮等）引起的火灾和电器火灾。使用时先用手指堵住灭火器喷嘴，将筒体上下颠倒两次，松开堵住的喷嘴，就有泡沫喷出。扑救油类引起的火灾，不能对着油面中心喷射，以防着火的油品溅出，应沿着火焰根部的周围，向上侧喷射，逐渐覆盖油面，将火扑灭。使用时不可将筒底或筒盖对着人体，以防发生危险。

泡沫推车灭火器的使用方法：先将推车推到火源近处展直喷射胶管，将推车筒体稍向上活动，转开手轮，扳直阀门手柄，手把和筒体立即触地，然后将喷枪头直对火焰根部周围喷射，覆盖重点火源。

② 二氧化碳灭火器。二氧化碳灭火器以高压气瓶内储存的二氧化碳气体作为灭火剂灭火，用二氧化碳灭火后不留痕迹，适宜于扑救着火的贵重仪器设备、档案资料或扑救计算机室内的火灾。由于二氧化碳不导电，因此也适宜于扑救带电的低压电气设备和油类火灾，但不可用它扑救因钾、钠、镁、铝等物质燃烧引起的火灾。使用时，对鸭嘴式的二氧化碳灭火器，拔掉保险销后压下压把就行了；对手轮式的二氧化碳灭火器，要先取掉铅封，然后按逆时针方向旋转手轮，使灭火剂喷出，注意手指不宜触及喇叭筒，以防冻伤。二氧化碳灭火器射程较近，应在接近着火点的上风方向喷射。对二氧化碳灭火器要定期检查，当二氧化碳重量少于原重量5%时，应及时充气和更换。

③ 干粉灭火器。干粉储压式灭火器（手提式）以氮气为动力将筒体内干粉压出。干粉灭火器适宜于扑救因石油产品、油漆、有机溶剂燃烧引起的火灾，它能抑制燃烧的连锁

反应；也适宜于扑灭液体、气体、电气火灾。不能用干粉灭火器扑救轻金属燃烧引起的火灾。使用时先拔掉保险销(有的是拉起拉环)，再按下压把，干粉即可喷出。灭火时要接近火焰喷射，干粉喷射时间短，喷射前要选择好喷射目标，由于干粉容易飘散，不宜逆风喷射。平时要把灭火器放在好取、干燥、通风处。每年要检查两次干粉是否结块，如有结块要及时更换；每年检查一次药剂重量，若少于规定的重量或压力，应及时充装。

使用干粉推车灭火器时，首先将推车快速推到火源近处，拉出喷射胶管并展直，拔出保险销，开启阀门手柄，对准火焰根部，使粉雾横扫重点火焰，注意切断火源，控制火焰窜回，由近及远向前推进灭火。

④ 1211 灭火器。1211 灭火器利用装在筒内的氮气压力将液态罐装在钢瓶中的 1211 灭火剂喷射出来灭火，它属于储压式灭火器。1211 是二氟一氯一溴甲烷的代号，分子式为 CF_2ClBr。1211 灭火剂是一种低沸点的液化气体，具有灭火效率高、毒性低、腐蚀性小、久储不变质、灭火后不留痕迹、不污染被保护物、绝缘性能好等优点。使用时要首先拔掉保险销，然后握紧压把开关，即有灭火剂喷出。使用时灭火筒身要垂直，不可平放和颠倒使用。1211 灭火器的射程较近，喷射时要站在接近着火点的上风处，对着火焰根部扫射并向前推进，要注意防止回头火复燃。

二、电气防爆

由用电引起的爆炸主要发生在有易燃、易爆气体和有粉尘的场所，在这样的场所，应合理选用防爆电气设备，正确敷设电气线路，保持良好通风；应保证电气设备正常运行，防止短路、过载；应安装自动断电保护装置，危险性大的设备应安装在危险区域外；要选用防爆电机等防爆设备；使用便携式电气设备应特别注意安全；电源应采用三相五线制或单相三线制，线路接头应采用熔焊或钎焊。

爆炸危险场所使用的电气设备必须是符合现行国家标准制造并有国家检验部门防爆合格证的产品。爆炸危险场所内电气设备应能防止周围环境内化学、机械、热和生物因素的危害，应与环境温度、空气湿度、海拔高度、日光辐射、风沙、地震等环境条件的要求相适应。

2.4 防雷击和防静电

一、防雷击

雷击是自然灾害，不仅会损坏设备、房屋设施，而且可能引起火灾、爆炸。雷电产生的强电流、高电压、高温热具有很大的破坏力和多方面的破坏作用，会给电力系统和人类造成严重的危害。

1. 雷电的形成与活动规律

雷鸣与闪电是大气层中强烈的放电现象。雷云在形成过程中，由于摩擦、冻结等原因，积累了大量的正电荷或负电荷，产生很高的电位。当带有异性电荷的雷云接近到一定程度时，就会击穿空气而发生强烈的放电。

雷电的活动规律：山区比平原多，陆地比海洋多，热而潮湿的地方比冷而干燥的地方多，夏季比其他季节多。

一般来说，下列物体或地点容易受到雷击。

① 空旷地区的孤立物体和高于 20m 的建筑物，如水塔、宝塔、尖形屋顶、烟囱、旗杆、天线、输电线路杆塔等。在山顶行走的人畜，也易遭受雷击。

② 金属结构的屋面、砖木结构的建筑物或构筑物。

③ 特别潮湿的建筑物、露天放置的金属物。

④ 排放导电尘埃的厂房、排废气的管道、地下水出口、烟囱冒出的热气(含有大量导电质点、游离态分子)。

2. 雷击的危害

① 直接雷击具有热效应、电效应和机械效应，雷电能量巨大，可瞬间造成被击物折损、坍塌等物理损坏和电击损害。

② 雷云形成过程中，由于电荷的聚积及闪电发生时雷云中电荷急剧减少，会形成大范围的静电感应和电磁感应现象，从而造成雷电影响范围内(闪电发生处半径 2km 内)的金属导体出现高电位(强电压)和瞬间冲击电流(电涌)，这种雷电称为感应雷，它的主要危害是由于电位差造成相邻导体产生电火花，由于电涌造成电源及信号线路发生击穿现象，使得线路短路，并侵入用电设备造成设备损坏，对低压电气系统和电子信息系统的危害最大。

③ 雷电击中地面物体尤其是建筑物时，雷电流在泄放过程中，经过进出建筑物的金属管道、电源和信号线路向外传导(约为全部雷电流的 50%)，从而对其他建筑物内的线路及设施造成危害，这种雷电称为传导雷。

3. 避雷措施

避雷措施分为外部避雷措施和内部避雷措施两个方面。

外部避雷措施主要是安装接闪器(如避雷针、避雷带、避雷网等)、接地装置和引下线。接闪器用于截获闪电，避免被保护物受到闪电直接雷击；接地装置用于向大地泄散雷电流，并有接地电阻要求；引下线用于连接接闪器和接地装置。

内部避雷措施包括：屏蔽、合理布线、安装避雷器、等电位连接、接地。屏蔽和合理布线可减少静电感应和电磁感应对线路和设备的影响；安装避雷器可限制线路上的电涌、电压并引导雷电流的泄散；等电位连接可避免相邻金属物及线路间出现反击；接地是屏蔽及避雷器发挥作用的重要保障。

4. 人身避雷措施

雷暴时，带电积云直接对人体放电，雷电流入地产生的对地电压以及二次放电等都可能对人造成致命的电击。因此，应注意必要的人身防雷安全要求。

雷暴时，非工作必须，应尽量减少在户外或野外逗留；在户外或野外最好穿塑料雨衣。如有条件，可进入有宽大金属构架或有防雷设施的建筑物、汽车或船只内；也可以进入有建筑屏蔽的街道或有高大树木屏蔽的街道躲避，要注意离开墙壁或树干 8m 以上。

雷暴时，应尽量离开小山、小丘、隆起的小道，离开海滨、湖滨、河边、池塘，避开铁丝网、金属晒衣绳以及旗杆、烟囱、宝塔、孤立的树木，还应尽量避开没有防雷保护的小建筑物或其他设施。

雷暴时，在户内应注意防止雷电侵入波，应离开照明线、动力线、电话线、广播线、收音机和电视机电源线、收音机和电视机天线，以及与其相连的各种金属设备，以防止这些线路或设备对人体二次放电。调查资料表明，户内 70%以上对人体二次放电的事故发生在与线路或设备相距 1m 以内的场合，相距 1.5m 以上者很少发生死亡事故，因此雷暴时人体最好离开可能传来雷电侵入波的线路和设备 1.5m 以上。应当注意，仅仅断开开关对于防止雷击是起不了多大作用的。雷雨天气，还应注意关闭门窗，以防止球雷进入户内造成危害。

二、防静电

静电是自然界中一种常见的物理现象，静电并不是静止的电，它是宏观上暂时停留在某处的电。静电会对生产、人体带来危害，在有些危险的场所，微弱的静电火花便可能引起迅猛的火灾和强烈的爆炸，只有了解静电所带来的危害，才能更好地做好防护。

1. 静电的产生方式

① 接触分离起电：任何两种不同材质的物体接触后再分离，都可能产生静电。当两个不同的物体相互接触时，会使一个物体失去一些电子而带正电，而另一个物体因得到电子而带负电，若在分离的过程中电荷难以中和，它们就会积累起来使物体带上静电。

② 摩擦起电：摩擦起电是一个机械过程，依靠相对表面移动传送电量，传送的电量取决于接触的次数、表面粗糙度、湿度、接触压力以及相对运动速度。

③ 感应起电：导电材料的电子能在它的表面自由流动，如将其置于电场中，由于同性相斥、异性相吸，正负离子就会转移，出现电荷重新分布，这就形成感应起电。感应起电可能在导体或人体上产生很高的电压，导致火花放电的危害性。

2. 静电的危害

① 静电电击：当人体接近静电体或带静电的人体接近接地体时，都可能遭到电击，由于静电能量很小，电击本身对人体不致造成重大伤害，但是很容易造成坠落等二次伤害事故。

② 妨碍生产：在有些生产工艺过程中，静电会妨碍生产或降低产品质量。如纺织、粉体加工、塑料、橡胶、印刷、电子控制元件、自动化仪表等行业中的设备由于静电而误动作，会使其控制的生产线程序混乱，导致产品不合格。

③ 引起火灾或爆炸：在带有静电的物体附近，若产生超过物体容许的击穿场强，则会发生静电放电，从而可能引发火灾或爆炸。

3. 静电的防护措施

(1) 静电防护的基本要求

① 在生产过程中尽量防止产生静电。

② 防止静电场，在可能产生静电的地方阻止静电积累，迅速可靠而有控制地泄放

存在的电荷。

③ 防止由于和带电的人或带电的物体接触而引起的直接放电。

④ 对绝缘体上的静电采用中和法。

⑤ 为保证静电放电人员的安全，整个防护系统的泄漏电流不允许超过 5mA。

⑥ 利用工具操作或修理有带静电危险的设备时，工具应接地。

(2) 人员的管理

① 对操作人员要进行静电知识培训，考试合格后持证上岗。

② 设置防静电工作区，并在工作区设置明显的标志。

③ 操作人员要穿戴防静电工作服、防静电鞋，并带好腕带。

④ 元器件的包装盒上要有明确的防静电放电标志，有关部门应制定对放电敏感器件进行操作的规则。

(3) 防静电操作系统

防静电操作系统由工作台、限流电阻和台垫等组成，台垫要采用静电防护材料，不得用绝缘材料。因测量仪器是使用交流电源的，为防止人员触电，必须使安全电流小于 5mA。

2.5 电工安全用具与安全标志

一、电工安全用具的种类和功能

电工安全用具是防止电气工作人员在工作中发生触电、电弧灼伤、高空坠落等事故的重要工具。

电工安全用具分绝缘安全用具和一般防护安全用具两大类。

绝缘安全用具又分为基本安全用具和辅助安全用具。常用的基本安全用具有绝缘棒、绝缘夹钳、验电器等。常用的辅助安全用具有绝缘手套、绝缘靴、绝缘垫、绝缘站台等。基本安全用具的绝缘强度能长期承受电气设备或线路的工作电压。辅助安全用具的绝缘强度不能承受电气设备或线路的工作电压，只能起加强基本安全的保护作用，不能作为直接接触带电体的用具使用。

一般防护安全用具有携带型接地线、临时遮栏、标示牌、警告牌、安全帽、安全带、防护目镜等。这些安全用具用来防止工作人员触电、电弧灼伤及高空摔跌。

二、基本安全用具

1. 绝缘棒

绝缘棒又称为绝缘杆或操作棒，主要用来断开或闭合高压隔离开关、跌落式熔断器，安装和拆除携带型接地线，进行带电测量和试验等工作。

绝缘棒由工作部分、绝缘部分以及握手部分组成，如图 2.4 所示。绝缘棒的工作部分一般用金属制成，长度较短(5～8cm 左右)，过长在操作中容易引起相间或接地短路。绝缘部分与握手部分之间用护环隔开，用浸过绝缘漆的木材、硬塑料、胶木制成，长度的最小尺寸可根据电压等级和使用场所的不同而确定。

使用绝缘棒时，操作人员的手应放在握手部分，不能超过护环，同时要戴绝缘手套、穿绝缘靴(鞋)。雨天在室外进行分合闸操作时，应按规定使用带防雨罩的绝缘棒。绝缘棒禁止装接地线。绝缘棒使用完后，应垂直悬挂在专用架子上，以防绝缘棒弯曲。绝缘棒的定期试验周期为每年一次。

2. 绝缘夹钳

绝缘夹钳主要用来在 35kV 及以下的电气设备上进行装拆熔断器等工作，绝缘夹钳如图 2.5 所示。

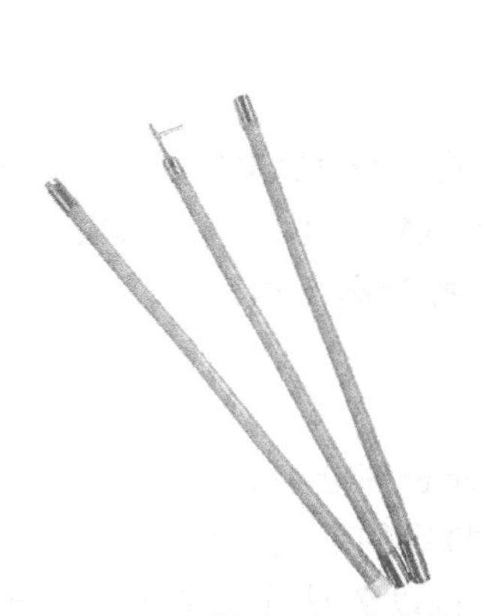

图 2.4　绝缘棒

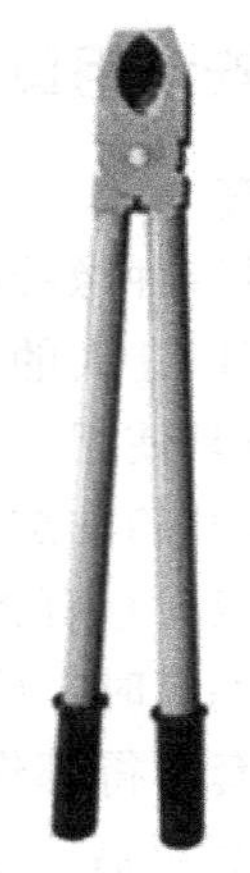

图 2.5　绝缘夹钳

绝缘夹钳由工作钳口、绝缘部分和握手部分组成。各部分所用材料与绝缘棒相同。绝缘夹钳的钳口必须保证能夹紧熔断器。

使用绝缘夹钳时应注意：夹熔断器时，操作人的头部不可超过握手部分，并应戴防护目镜、绝缘手套，穿绝缘靴(鞋)或站在绝缘台(垫)上；操作人员手握绝缘夹钳时，要保持平衡和精神集中。绝缘夹钳的定期试验周期为每年一次。

3. 验电器

验电器分低压和高压两种。低压验电器又称为试电笔，主要用来检查低压电气设备或线路是否带电。高压验电器用于测量高压电气设备或线路上是否带电。低压试电笔和高压验电器分别如图 2.6 的左图和右图所示。

使用低压试电笔时，以中指和拇指持试电笔笔身，食指接触笔尾金属体或笔挂。当带电体与接地之间电位差大于 60V 时，氖泡产生辉光，证明有电。注意，人手一定要在试电笔的金属笔盖或者笔挂接触电笔，绝对不能接触试电笔的笔尖金属体，以免触电。

用高压验电器验电时应戴绝缘手套，并使用和被测设备相应电压等级的验电器。验电前后应在有电的设备上或线路上进行试验，以检验所使用的验电器是否良好。

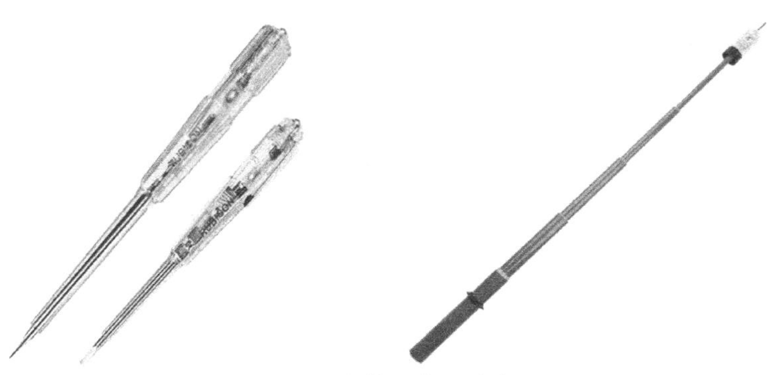

图 2.6 低压试电笔和高压验电器

三、辅助安全用具

1. 绝缘手套

绝缘手套用特种橡胶制成，具有较高的绝缘强度，分 12kV(试验电压)和 5kV 两种。使用绝缘手套可以让人的两手与带电体绝缘，在对 1kV 以下电气设备进行操作时，可以作为基本安全用具使用。不能依靠戴绝缘手套直接接触高压电。

使用绝缘手套的注意事项如下。

① 使用前应检查有无漏气或裂口等缺陷。

② 戴绝缘手套时，应将外衣袖口放入手套的伸长部分内。

③ 绝缘手套不得挪作他用，普通的医疗、化验用的手套不能代替绝缘手套。

④ 绝缘手套用后应擦净晾干，撒上一些滑石粉以免粘连，并放在通风、阴凉的柜子里。

⑤ 应按规定定期进行检验。

2. 绝缘靴

绝缘靴采用特种橡胶制成，分 20kV(试验电压)和 6kV 两种，高度不小于 15cm，而且上部另加 5cm 高边，穿绝缘靴可以使人体与大地绝缘，防止跨步电压。

绝缘手套和绝缘靴分别如图 2.7 的左图和右图所示。

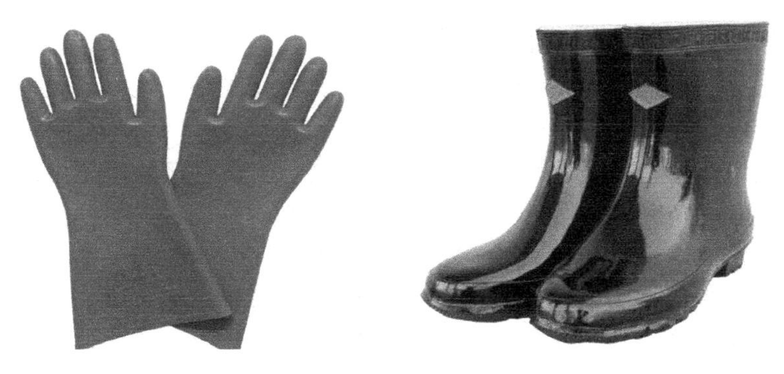

图 2.7 绝缘手套和绝缘靴

使用绝缘靴的注意事项如下。

① 绝缘靴要放在柜子内，并与其他工具分开放置。

② 绝缘靴每半年定期检验一次，保证其安全可靠。

③ 使用中，不能用防雨胶靴代替。

3. 绝缘站台和绝缘垫

绝缘站台用干燥的木板或木条制成，站台面最小尺寸为 0.8m×0.8m，四角用绝缘子做台脚，高度不得小于 10cm。

绝缘垫由特种橡胶制成，表面有防滑槽纹，厚度不小于 5mm。绝缘垫一般铺设在高、低压开关柜前，作为固定的辅助安全用具使用。

绝缘站台和绝缘垫分别如图 2.8 的左图和右图所示。

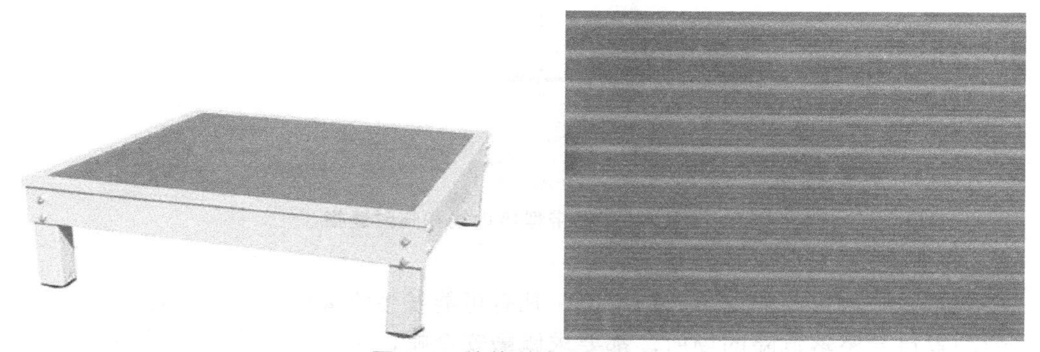

图 2.8　绝缘站台和绝缘垫

四、一般防护安全用具

1. 携带型接地线

携带型接地线由固定在各相导电部分和接地极上的专用线夹上的多股软铜裸线组成，用来短路各相和接地。一般要求各股软铜线的截面积不小于 $25mm^2$。

使用接地线的注意事项如下(与携带型接地线的使用注意事项相同)。

① 接地线必须使用专用的线夹固定在导体上，严禁用缠绕的方法接地或短路。

② 接地线在每次装设前应经过详细检查。损坏的接地线应及时修理或更换。禁止使用不符合规定的导线作为接地线或短路线。

③ 装设接地线必须由两人进行。

④ 装设接地线必须先接接地端，后接导体端，且必须接触良好。拆卸接地线的顺序与上述顺序相反。装、拆接地线均应使用绝缘棒和戴绝缘手套。

⑤ 每组接地线均应编号，并存放在固定地点。存放位置亦应编号，接地线号码与存放位置号码必须一致。

⑥ 装、拆接地线时，应做好记录，交接班时应交待清楚。

2. 临时遮栏

临时遮栏主要用来防止工作人员无意间触碰或过分接近带电体，也可以作为检修安全距离不够时的安全隔离装置。临时遮栏用干燥的木材或其他绝缘材料制成，在过道和入口处可采用栅栏，临时遮栏和栅栏必须牢固，高度及其与带电体的距离应符合屏护的安全要求。

携带型接地线和临时遮栏分别如图 2.9 的左图和右图所示。

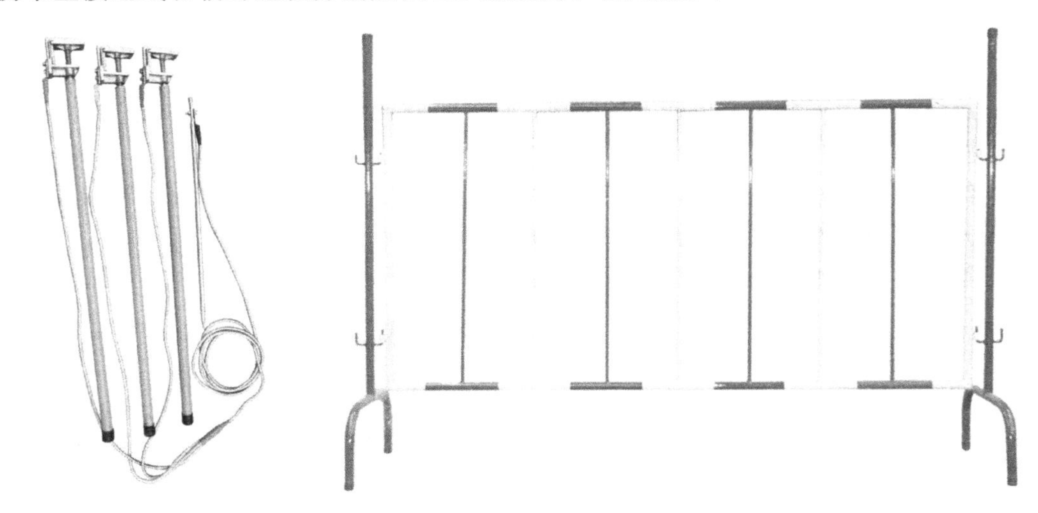

图 2.9 携带型接地线和临时遮栏

3. 安全帽

安全帽是一种重要的安全防护用品，凡有可能发生物体坠落，或有可能发生头部碰撞、劳动者自身坠落危险的场所，都要求佩戴安全帽，它是电气作业人员的必备用品。

用于防止工作人员误登带电杆塔用的无源近电报警安全帽，属于音响提示型辅助安全用具。当工作人员佩戴此安全帽登杆工作中误登带电杆塔时，安全帽内的近电报警装置会立即发出报警音响，提醒工作人员注意，防止误触带电设备造成事故。戴安全帽时必须系好带子。无源近电报警安全帽和普通安全帽分别如图 2.10 的左图和右图所示。

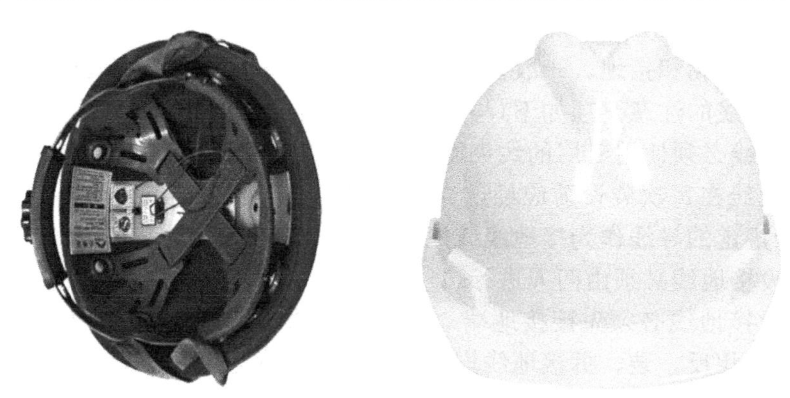

图 2.10 无源近电报警安全帽和普通安全帽

4. 安全带

电工使用的安全带是电工作业时防止坠落的安全用具，多采用锦纶、维纶、涤纶等根据人体特点设计而成。《电业安全工作规程》中规定，在离地面 2m 以上的地点进行的工作均为高处作业，高处作业时，应使用安全带。

穿戴安全带示范和安全带分别如图 2.11 的左图和右图所示。

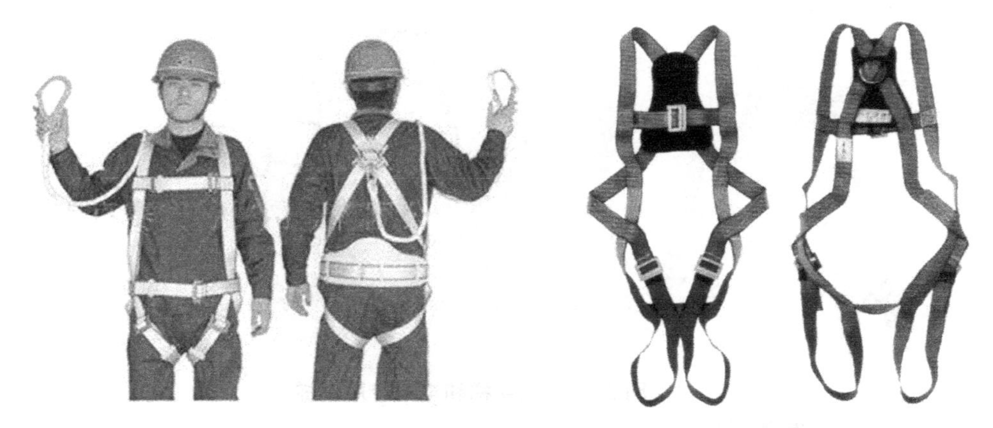

图 2.11　穿戴安全带示范和安全带

使用安全带的注意事项如下。

① 安全带使用期限一般为 3～5 年，每半年至一年内要检查一次，保证主部件不损坏，如发现异常，应提前报废。

② 安全带的腰带和保险带、绳应有足够的机械强度，材质应耐磨，卡环(钩)应有保险装置。保险带、绳使用长度在 3m 以上的应加缓冲器。

③ 使用安全带前应进行外观检查，要保证组件完整、无短缺、无伤残破损；绳索、带无脆裂、断股或扭结；金属配件无裂纹、焊接无缺陷、无严重锈蚀；挂钩的钩舌咬口平整不错位，保险装置完整可靠；铆钉无明显偏位，表面平整。

④ 安全带应系在牢固的物体上，禁止系挂在移动或不牢固的物件上，不得系在棱角锋利的地方，安全带要高挂和平行拴挂，严禁低挂高用。

⑤ 在杆塔上工作时，应将安全带后备保护绳系在安全牢固的构件上(带电作业时，视具体任务决定是否系后备安全绳)，不得失去后备保护。

5. 标示牌

标示牌由干燥的木材或其他绝缘材料制成，不得用金属材料制成，悬挂处按要求确定。

标示牌的用途分为警告、允许、提示和禁止等类型。警告类如“止步，高压危险！”，允许类如“在此工作！”“由此上下！”，提示类如“已接地！”，禁止类如“禁止合闸，有人工作！”“禁止合闸，线路有人工作！”“禁止攀登，高压危险！”等。

五、登高安全用具

1. 梯子

梯子应指定专人管理。使用前应进行检查，如有损坏应及时修理。

人字梯和电工专用单梯分别如图 2.12 的左图和右图所示。

图 2.12 人字梯和电工专用单梯

梯子的使用注意事项如下。

① 梯子的支柱应能承受工作人员携带工具攀登时的总重量。梯子的横木应嵌在支柱上，不准使用钉子钉成的梯子。梯阶的距离不大于 40cm。

② 在梯子上工作时，梯子与地面的倾斜角为 60°左右。工作人员必须登在距梯顶不少于 1m 的梯蹬上工作。人在梯子上时，禁止移动梯子。

③ 两个梯子连接使用时，应用金属卡子接紧，或用铁丝绑接牢固。

④ 在工作前应把梯子安置稳固，不可使其动摇或过度倾斜。在水泥或光滑坚硬的地面上使用梯子时，应用绳索将梯子下端与固定物缚住（有条件时可在其下端安置橡胶套或橡胶布）。

⑤ 在木板或泥地上使用梯子时，其下端应装有带尖头的金属物，或用绳索将梯子下端与固定物缚住。在梯子上工作时应使用工具袋；物件应使用绳子传递，不准在梯上或梯下互相抛递。

⑥ 靠在管子上使用的梯子，其上端应有挂钩或用绳索缚住。

⑦ 人字梯应具有坚固的铰链和限制开度的铰链。

⑧ 不准把梯子架设在木箱等不稳固的支持物或容易滑动的物体上使用。禁止在悬吊式的脚手架上搭放梯子进行工作。

⑨ 在通道上使用梯子时，应设监护人或设置临时围栏。不准把梯子放在门前使用，有必要时，应采取防止门突然开启的措施。

⑩ 在户外变电站和高压配电室内搬动梯子时，应放倒梯子，由两人搬运，并与带电部分保持足够的安全距离。在变、配电站（开关站）的带电区域内或临近带电线路处，禁止使用金属梯子。

2. 登高板

登高板又称踏板，用来攀登电杆。登高板由脚板、绳索、铁钩组成。脚板由坚硬的木板制成，绳索为 16mm 多股白棕绳（麻绳）或尼龙绳，绳索两端系结在踏板两头的扎结槽内，绳索顶端系铁挂钩，绳索的长度应与使用者的身材相适应，一般在 1.8m 左右。踏板和绳索均应能承受 300 公斤的重量。登高板如图 2.13 所示。

使用登高板的注意事项如下。

① 使用前，要检查踏板有无裂纹或腐朽，绳索有无断股。

② 踏板挂钩时必须正钩，钩口向外、向上，切勿反钩，以免造成脱钩事故。

③ 登杆前，应先将踏板钩挂好使踏板离地面 15～20cm，用人体进行冲击载荷试验，检查踏板有无下滑、是否可靠。

④ 上杆时，左手扶住钩子下方绳子，然后必须用右脚脚尖顶住水泥杆塔上另一只脚，防止踏板晃动，左脚踏到左边绳子前端。

⑤ 为了保证在杆上作业时身体平稳，不使踏板摇晃，站立时两腿前掌内侧应夹紧电杆。

3. 脚扣

常用的脚扣分为可调式和不可调式两种，脚扣如图 2.14 所示。

图 2.13 登高板

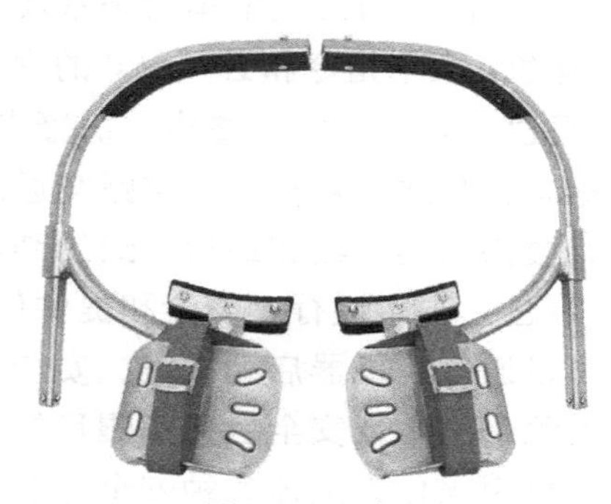

图 2.14 脚扣

使用前，必须检查脚扣的各部分有无断裂、腐朽现象，是否牢固可靠，脚扣皮带是否完好牢固，若有损坏，应及时更换，不得用绳子或电线代替。穿脚扣时，脚扣带松紧要适当，防止脚扣在脚上转动或脱落。上杆时，先按电杆的规格调节好脚扣的大小，使之能牢固地扣住电杆，上下杆的每一步必须使脚扣与电杆之间完全扣牢，否则可能出现下滑或其他事故，雨天及冰雪天易出现滑落伤人事故，不宜使用脚扣登杆。

登杆前应对脚扣进行冲击试验，试验时根据杆根的直径调整好合适的脚扣节距，使脚扣牢固地扣住电杆，以防止下滑或落到杆下，先登一步电杆，然后用整个人体重力以冲击的速度加在一只脚扣上，若无问题再试另一只脚扣，通过试验证明两只脚扣都完好后，方可进行登杆作业。

使用脚扣登高的操作过程如下。

① 准备：检查安全带(保险带)和脚扣是否完好，穿好工作服，戴好手套，系好安全带，穿好脚扣。

② 上杆：双手搂杆，两臂略弯曲，使上身离开电杆，腿蹬直，小腿与电杆成一定角度张开，让臀部采用向后下方的坐式，使身体成弓形。左脚蹬实后，身体重心移至左脚，右脚抬起向上移一步，手随之向上移动，两脚交替上移。

③ 作业：两脚靠近，将安全带绕过电杆系好，即可进行杆上作业。

④ 下杆：解开安全带，一步一步往下移。

六、安全色与安全标志

1. 安全色

安全色是表示安全信息的颜色。为加强安全和预防事故，常用涂有颜色的物体作为标志进行设置。安全色要求醒目，容易识别，其作用在于迅速指出有危险，或指示在安全方面有重要意义的器材和设备的位置。安全色应该有统一的规定。

国际标准化组织建议采用红色、黄色和绿色三种颜色作为安全色，并用蓝色作为辅助色，中国国家标准 GB2893-82 规定红、蓝、黄、绿四种颜色为安全色，其含义和用途如下。

① 红色：表示禁止、停止、消防和危险，如禁止标志、交通禁令标志、消防设备、停止按钮和停车、刹车装置的操纵把手、仪表刻度盘上的极限位置刻度、机器转动部件的裸露部分、液化石油气槽车的条带及文字、危险信号旗等。

② 蓝色：表示指令和必须遵守的规定，如必须佩戴个人防护用具的指令以蓝色表示。

③ 黄色：表示注意、警告。需警告人们注意的器件、设备或环境应涂以黄色标记，如警告标志、交通警告标志、道路交通路面标志、皮带轮及其防护罩的内壁、砂轮机罩的内壁、楼梯的第一级和最后一级的踏步前沿、防护栏杆及警告信号旗等。

④ 绿色：表示通行、安全和提供信息。可以通行或表示安全的情况涂以绿色标记，如表示可以通行、机器启动按钮、安全信号旗等。

对比色：为了使安全色更加醒目的反衬色。一般用黑、白两种颜色作为安全色的对比色，主要用来作为上述各种安全色的背景色，例如安全标志牌上的底色一般采用白色或黑色。

2. 安全标志

安全标志由安全色、几何图形和其他图形符号构成，用来表达特定的安全信息。安全标志的作用是引起人们对不安全因素的注意，预防发生事故。安全标志的文字说明有横写、竖写两种形式，必须与安全标志同时使用。补充标志应位于安全标志图形的下方。安全标志应设置在光线充足、醒目、稍高于人的视线处。

① 禁止标志：禁止标志的几何图形是带斜杠的圆环，图形背景为白色，圆环和斜杠为红色，其他图形符号为黑色。禁止标志有禁止烟火、禁止吸烟、禁止用水灭火、禁止通行、禁放易燃物、禁带火种、禁止启动、修理时禁止转动、运转时禁止加油、禁止跨越、禁止乘车、禁止攀登、禁止进入、禁止架梯、禁止停留等。禁止合闸标志和禁止启动标志分别如图 2.15 的左图和右图所示。

图 2.15　禁止合闸标志和禁止启动标志

② 警告标志：警告标志的几何图形是三角形，图形背景是黄色，三角形边框及其他图形符号均为黑色。警告标志有注意安全、当心火灾、当心爆炸、当心腐蚀、当心有毒、当心触电、当心机械伤人、当心伤手、当心吊物、当心扎脚、当心落物、当心坠落、当心车辆、当心弧光、当心冒顶、当心瓦斯、当心塌方、当心坑洞、当心裂变物质、当心激光、当心微波、当心滑跌等。

注意安全标志和当心火灾标志分别如图 2.16 的左图和右图所示。当心爆炸标志和当心激光标志分别如图 2.17 的左图和右图所示。

图 2.16　注意安全标志和当心火灾标志

图 2.17　当心爆炸标志和当心激光标志

③ 指令标志：指令标志的几何图形是圆形，背景为蓝色，其他图形符号为白色。指令标志是提醒人们必须要遵守某个事项的一种标志。指令标志有必须戴安全帽、必须穿防护鞋、必须系安全带、必须戴防护眼镜、必须戴防毒面具、必须戴护耳器、必须戴防护手套、必须穿工作服等。必须戴安全帽标志和必须穿工作服标志分别如图 2.18 的右图和右图所示。

图 2.18　必须戴安全帽标志和必须穿工作服标志

④ 提示标志：提示标志的几何图形是长方形，背景为绿色，其他图形符号及文字为白色。提示标志按长短边的比例不同，分一般提示标志和消防设备提示标志两类。提示标志是指示目标方向的安全标志。一般提示标志有紧急出口、安全通道等，消防设备提示标志有消防警铃、火警电话、消防水带、灭火器、消防水泵接合器等。安全出口标志和消防水带标志分别如图 2.19 的左图和右图所示。

图 2.19 安全出口标志和消防水带标志

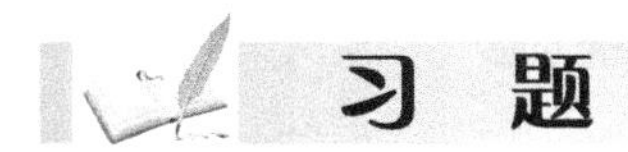

习 题

一、单选题

1. 电气设备发生接地故障时，接地电流通过接地体向四周大地流散，若人在接地短路点周围行走，其两脚间的电位差引起的触电称为(　)触电。

A. 单相　　B. 跨步电压　　C. 感应电

2. 登杆前，应对脚扣进行(　)。

A. 人体静载荷试验　　B. 人体载荷冲击试验　　C. 人体载荷拉伸试验

3. 下列材料中，导电性能最好的是(　)。

A. 铜　　B. 铝　　C. 铁

4. 当低压电器发生火灾时，首先应做的是(　)。

A. 迅速离开现场，报告领导

B. 迅速设法切断电源

C. 迅速用灭火器灭火

5. 静电引起爆炸和火灾的条件之一是(　)。

A. 静电能量足够大　　B. 有爆炸性混合物存在　　C. 有足够的温度

6. 运输液化气、石油等的槽车在行驶时，在槽车底部应采用金属链条或导电橡胶使槽车与大地接触，其目的是(　)。

A. 施放槽车行驶中产生的静电荷

B. 使槽车与大地等电位

C. 中和槽车行驶中产生的静电荷

7. 建筑施工工地的用电机械设备(　)安装漏电保护装置。

A. 应　　B. 不应　　C. 没规定

8. 绝缘安全用具分为(　)安全用具和辅助安全用具。

A. 直接　　B. 间接　　C. 基本

9. 人体同时接触带电设备或线路中的两相导体时，电流从一相通过人体流入另一相，这种触电现象称为(　)触电。

A. 单相　　B. 两相　　C. 感应电

10. 在雷暴天气应关闭门和窗户，目的是为了防止(　)侵入室内，造成火灾、爆炸或人员伤亡。

A. 球形雷　　B. 感应雷　　C. 直接雷

11. 如果触电者心跳停止，应立即对触电者施行(　)急救。

A. 仰卧压胸法　　B. 俯卧压背法　　C. 胸外挤压心脏法

12. 在易燃、易爆危险场所，应安装(　)电气设备。

A. 密封性好　　B. 防爆型　　C. 安全电压

13. 更换和检修用电设备时，最好的安全措施是(　)。

A. 切断电源　　B. 站在凳子上操作　　C. 戴橡皮手套操作

14. PE线或PEN线上除工作接地外，其他接地点的再次接地称为(　)接地。

A. 间接　　B. 直接　　C. 重复

15. 发生电气火灾时，应首先切断电源再灭火，但当电源无法切断时，只能带电灭火，对500V低压配电柜灭火可选用的灭火器是(　)。

A. 二氧化碳灭火器　　B. 泡沫灭火器　　C. 水基式灭火器

二、判断题

1. 验电是保证电气作业安全的技术措施之一。(　)
2. 在安全色中，用绿色表示安全、通过、允许。(　)
3. 通电时间增加，人体电阻因为出汗而增加，会导致通过人体的电流减小。(　)
4. 水和金属比较，水的导电性能更好。(　)
5. “止步，高压危险”标志牌的式样是白底、红边，有红色箭头。(　)
6. 使用脚扣登杆作业时，上、下杆的每一步必须使脚扣环完全套入并可靠地扣住电杆后，才能移动身体，否则容易发生事故。(　)
7. 两相触电的危险性比单相触电的危险性小。(　)
8. 二氧化碳灭火器带电灭火只适用于600V以下的线路，对于10kV或者35kV的线路，如要带电灭火只能选择干粉灭火器。(　)
9. 在没用验电器验电前，线路应视为有电。(　)
10. 雷电时，应禁止在屋外进行高空检修、试验和屋内验电等作业。(　)
11. TT系统是配电网中性点直接接地，用电设备外壳也采用接地措施的系统。(　)
12. 在带电维修线路时，应站在绝缘垫上。(　)
13. 脱离电源后，触电者如果神志清醒，应让触电者来回走动，加强血液循环。(　)
14. 在易燃、易爆及有静电发生的场所作业的工作人员，不可以发放和使用化纤防护用品。(　)
15. 触电者神志不清，有心跳，但呼吸停止，应立即进行口对口人工呼吸。(　)

第3章

电工基础知识

3.1 常用的电工工具

一、钢丝钳

钢丝钳又称克丝钳、老虎钳，如图3.1所示。

钢丝钳是电工使用最频繁的工具之一，由钳头和钳柄两部分组成，钳柄包着绝缘套。钳头包括钳口、齿口、刀口、铡口四部分，钳口用来夹持物件；齿口用来紧固或拧松螺母；刀口用来剪切电线、铁丝，也可用来剖切软电线的橡皮或塑料绝缘层；铡口用来切断电线、钢丝等较硬的金属线。

使用钢丝钳时应注意以下几点。

① 使用前，必须检查绝缘套的绝缘是否良好，以免带电操作时发生触电事故。在使用钢丝钳过程中要注意防潮，切勿碰伤、损伤或烧伤绝缘套。

② 剪切带电导线时，不得用刀口同时剪切相线和零线，或同时剪切两根导线。

③ 不可用钳头代替锤子作为敲打工具。

④ 使用中切忌乱扔，以免损坏绝缘套。

⑤ 带电操作时，手与钢丝钳的金属部分保持2cm以上的距离。

二、尖嘴钳

尖嘴钳又称修口钳、尖头钳，如图3.2所示。

电工用的尖嘴钳的钳柄包着绝缘套，其耐压等级为500V。尖嘴钳主要用来剪切线径较细的单股或多股导线，对单股导线接头弯圈，剥塑料绝缘层。尖嘴钳的头部尖细，适于在狭小的空间进行操作，钳头用来夹持较小的螺钉和垫圈。不使用尖嘴钳时，应在其表面涂上润滑防锈油，以免生锈或者支点发涩。

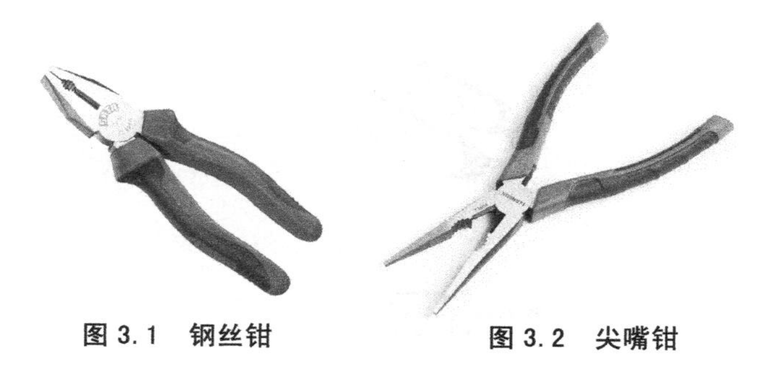

图 3.1 钢丝钳　　图 3.2 尖嘴钳

三、斜口钳

斜口钳又称断线钳，如图 3.3 所示。

斜口钳头部扁斜，电工用的斜口钳的钳柄包着绝缘套，其耐压等级为 1000V。斜口钳主要用来剪切导线和元器件多余的引线，还常用来代替一般剪刀剪切绝缘套管和尼龙扎线卡等。斜口钳的刀口可用来剖切软电线的橡皮或塑料绝缘层，也可用来剪切电线、铁丝。使用斜口钳要量力而行，不允许用它剪切钢丝、钢丝绳或过粗的铜导线和铁丝，以免斜口钳崩牙和损坏。使用斜口钳时应将钳口朝内侧，以利于控制钳切部位，用小指伸在两钳柄中间来抵住钳柄，张开钳头，这样可以灵活地分开钳柄。

四、剥线钳

剥线钳的钳柄上包着耐压 500V 的绝缘套，如图 3.4 所示。剥线钳用于剥除电线头部的表面绝缘层，可用来剥除不同规格线芯的绝缘层。使用时应使切口与被剥除导线芯线直径相匹配，切口过大难以剥离绝缘层，切口过小会切断芯线。使用中要根据电线的粗细型号，选择相应的剥线切口，将准备好的电线放在剥线钳的刀刃中间，选择好要剥线的长度，握住剥线钳手柄，将电线夹住，缓缓用力，慢慢剥落电线的外表皮，然后松开剥线钳手柄，取出电线，这时电线金属会整齐露出，其余绝缘塑层完好无损。

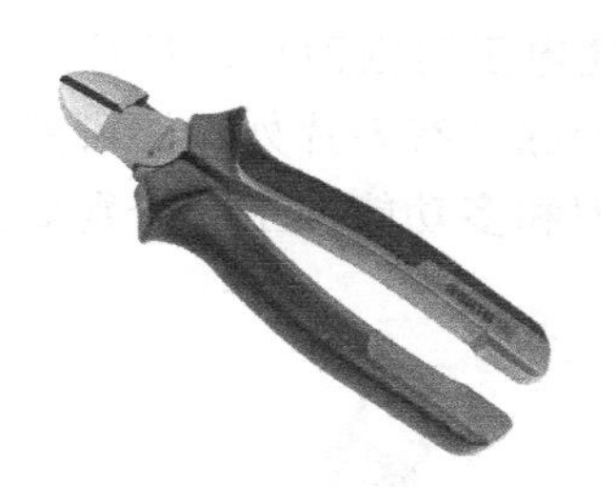

图 3.3 斜口钳

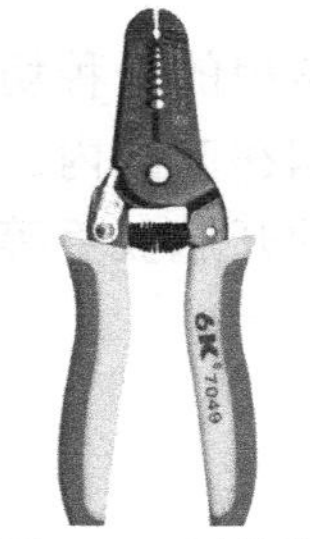

图 3.4 剥线钳

五、螺丝刀

螺丝刀是一种用来拧转螺钉以使其就位的常用工具，螺丝刀按不同的头型可以分为一字型、十字型、米字型、星型、方头型、六角头型、Y 型等类型。一字型螺丝刀和十字型螺丝刀分别如图 3.5 的左图和右图所示。

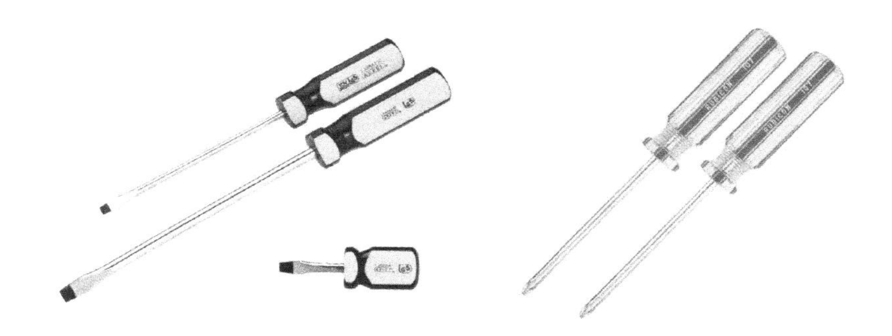

图 3.5　一字型螺丝刀和十字型螺丝刀

按手柄的材料不同，螺丝刀分为木柄的和塑料柄的。螺丝刀是我们生活中常用的工具，在安装、维修设备时经常用到，只要有螺钉的地方就要用到螺丝刀。

使用螺丝刀时应注意以下几点。

① 在拧螺钉时，应选用合适规格的螺丝刀，如果用小规格的螺丝刀拧大号螺钉，会损坏螺丝刀。

② 在拧大螺钉时，应用大拇指、食指和中指握住手柄，手掌要顶住手柄的末端，防止螺丝刀转动时滑脱。

③ 在拧小螺钉时，应用拇指和中指握住手柄，用食指顶住手柄的末端。

④ 在使用较长的螺丝刀时，可用右手顶住螺丝刀并转动手柄，左手握住螺丝刀中间部分，用来稳定螺丝刀以防滑落。

⑤ 在拧螺钉时，一般按顺时针方向旋转螺丝刀紧固螺钉，按逆时针方向旋转螺丝刀旋松螺钉(少数螺钉恰好相反)。

⑥ 在带电操作时，手和螺丝刀的金属部位应保持绝缘，以免发生触电事故。

六、电工刀

电工刀是电工常用的一种切削工具。普通电工刀由刀片、刀刃、刀把、刀挂等组成，不用时，把刀片收缩在刀把内。多功能电工刀除了有刀片外，还可能带有钢尺、锯子、剪子和开啤酒瓶盖的开瓶扳手等。普通电工刀和多功能电工刀分别如图 3.6 的左图和右图所示。

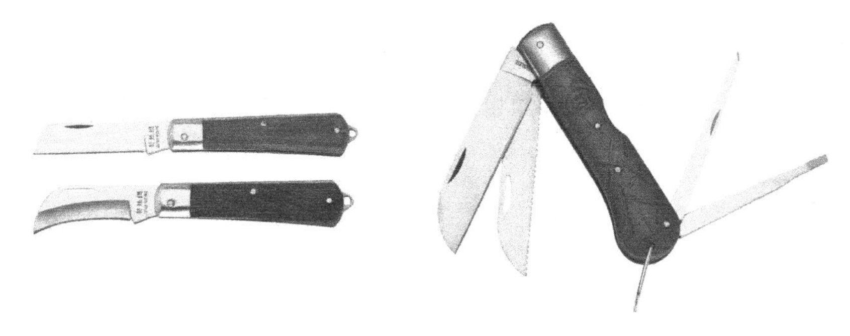

图 3.6　普通电工刀和多功能电工刀

电工刀的刀口磨制成单面呈圆弧状的刃口，刀刃部分锋利一些。电工刀上的钢尺可用来检测电器尺寸。

用电工刀剖削电线绝缘层时，注意不要伤着芯线。剖削时，可把刀略微向内倾斜，用刀刃的圆角抵住线芯，刀口向外推出，这样既不易削伤线芯，又可以防止操作者受伤。切忌把刀刃垂直对着导线切割绝缘层，这样容易削伤线芯。严禁在带电体上使用没有绝缘柄的电工刀进行操作。

利用电工刀还可以削制木榫、竹榫等。

七、活络扳手

活络扳手又称为活扳手，是用来旋紧或拧松有角螺钉或螺母的工具。电工常用的活络扳手有 200mm、250mm、300mm、超大开口短柄等几种，使用时应根据螺母的大小选配。300mm 活络扳手和超大开口短柄活络扳手分别如图 3.7 的左图和右图所示。

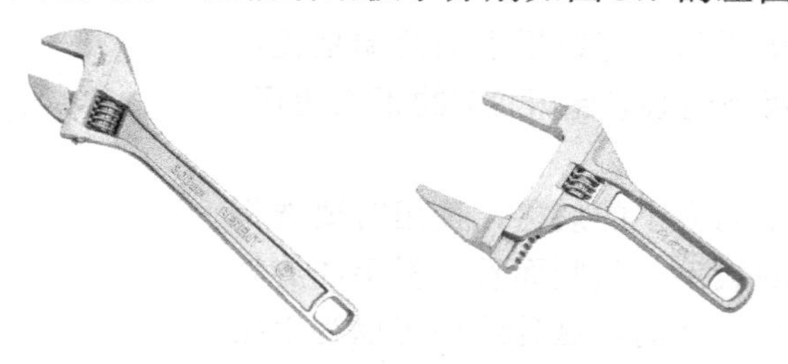

图 3.7 300mm 活络扳手和超大开口短柄活络扳手

用活络扳手拧小螺母时，因需要转动蜗轮调节扳口的大小，所以手应握在靠近呆扳唇处，并用大拇指转动蜗轮，以适应螺母的大小。用活络扳手的扳口夹持螺母时，呆扳唇在上，活扳唇在下，切不可反过来。在扳动生锈的螺母时，可在螺母上滴几滴煤油或机油。

在拧不动螺母时，不可用钢管套在活络扳手的手柄上增加扭力，因为这样极易损伤活络扳唇。另外，还要注意，不得把活络扳手当锤子用。

八、开口扳手

开口扳手又称为呆扳手，有单头呆扳手、双头呆扳手和两用开口梅花呆扳手等几种，分别如图 3.8 的左图、中图、右图所示。

图 3.8 单头呆扳手、双头呆扳手、两用开口梅花呆扳手

呆扳手的一端或两端带有固定尺寸的开口，其开口尺寸与螺钉头、螺母的尺寸相适应，并根据标准尺寸制作而成。单头呆扳手和双头呆扳手是安装和检修设备工作中必需的工具。

敲击呆扳手是最普通的呆扳手，它的尾部是敲击端，另一端有固定尺寸的开口，用来拧转一定尺寸的螺母或螺栓。还有一种高颈呆扳手，主要用于工作空间狭小，不能使用普通扳手的场合，它的转角较小，用在只有较小摆角的地方(只需转过板手 1/2 的转角)，可用于强力拧紧螺母。

使用呆扳手时，应让扳手与螺栓或螺母的平面保持水平，以免用力时扳手滑出伤人；不能在扳手尾端加接套管延长力臂，以防损坏扳手；不能用钢锤敲击扳手，因为扳手在冲击载荷下极易变形或损坏。

九、梅花扳手

梅花扳手如图 3.9 所示。梅花扳手的两端是花环状的孔，花环状孔是两个同心且错开 30°的正六边形，两端花环状孔不一样大。

梅花扳手有各种不同大小的规格，使用时要选择与螺母或螺栓相匹配的扳手。从侧面看，扳手的旋转螺栓部分和手柄部分是错开的，这种结构可以为手指提供操作间隙，以便于拆卸装配在凹陷空间里的螺栓、螺母。因为扳手钳口是双六角形的，因此使用它可以较容易地装配螺栓或螺母。

图 3.9 梅花扳手

使用梅花扳手时，应用左手压住梅花扳手与螺栓连接处，保持梅花扳手与螺栓完全配合，防止滑脱，右手握住梅花扳手另一端并加力。因为梅花扳手可将螺栓、螺母的头部全部围住，因此不会损坏螺栓角，可以施加大力矩。严禁使用带有裂纹和内孔已严重磨损的梅花扳手。

十、套筒扳手

套筒扳手一般称为套筒，T 型套筒扳手和 Y 型套筒扳手分别如图 3.10 的左图和右图所示。

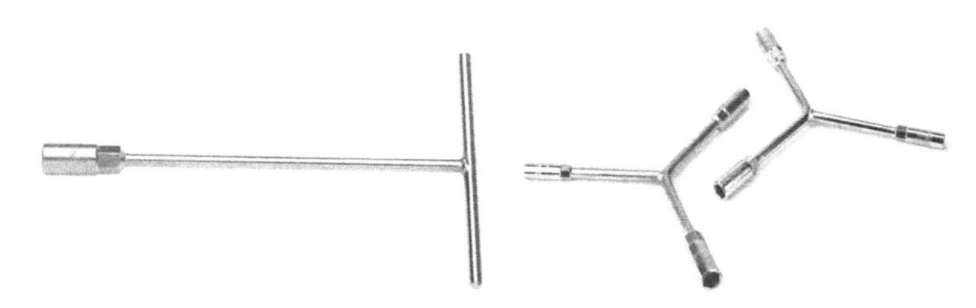

图 3.10 T 型套筒扳手和 Y 型套筒扳手

套筒扳手由多个带六角孔或十二角孔的套筒并配手柄、接杆等多种附件组成，特别适用于拧转装配部位狭小或凹陷在很深处的螺栓或螺母。套筒扳手一般都附有一套各种规格的套筒头以及手柄、接杆、万向接头、旋具接头、弯头手柄等用来套六角螺帽，套筒扳手的套筒头是一个凹六角形的圆筒。使用套筒扳手拧螺栓或螺母时，为避免损坏扳手，严禁将加长的管子套在扳手上以延伸扳手的长度来增加力矩，也严禁捶击扳手以增加力矩。

十一、棘轮扳手

棘轮扳手如图 3.11 所示，它是一种用手动的方法松紧螺钉或螺母的工具。

图 3.11 棘轮扳手

当螺钉或螺母的尺寸较大或使用扳手的工作位置很狭窄时，可以使用棘轮扳手。这种扳手摆动的角度很小，能拧紧和松开螺钉或螺母。拧紧时按顺时针方向转动手柄。方形的套筒上装有一只撑杆，当手柄向逆时针方向扳回时，撑杆在棘轮齿的斜面中滑出，因而螺钉或螺母不会跟随反转。如果需要松开螺钉或螺母，只需翻转棘轮扳手朝逆时针方向转动即可。

十二、电钻

电钻是用电作为动力的钻孔机具，是电动工具中的常规产品。电钻可分为三类：手电钻、冲击钻、锤钻。

1. 手电钻

手电钻是用来在金属材料、木材、塑料上钻孔的手持式电动工具，交流电源手电钻和充电电池手电钻分别如图 3.12 的左图和右图所示。

图 3.12 交流电源手电钻和充电电池手电钻

手电钻主要由钻夹头、输出轴、齿轮、转子、定子、机壳、开关和电缆线组成，装上正反转开关和电子调速装置后，可作为电螺丝批(也称为电动起子、电动螺丝刀，是用来拧紧和旋松螺钉的电动工具)使用。

严禁在带电状态下拆卸手电钻。

2. 冲击钻

冲击钻如图 3.13 所示。

图 3.13 冲击钻

冲击钻工作时在钻头夹头处有调节旋钮，可将其调整为普通手电钻和冲击钻两种方式。

冲击钻依靠旋转和冲击工作，它利用内轴上的齿轮相互跳动实现冲击效果。冲击钻的冲击力很轻微，但 40000/min 多次的冲击频率可产生连续的力。冲击钻可用来在天然的石头或混凝土上钻孔。冲击钻的冲击力远远不如锤钻，因此它不适用于钻钢筋混凝土。

3. 锤钻

锤钻又称电锤，如 3.14 所示。

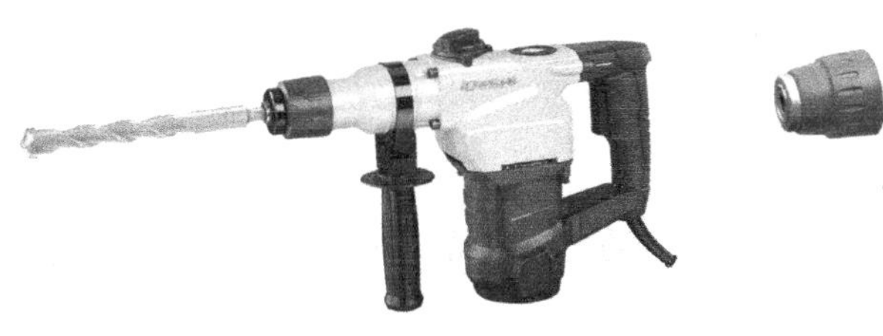

图 3.14 锤钻

锤钻是在电钻的基础上，增加一个由电动机带动的有曲轴连杆的活塞，活塞在一个汽缸内往复压缩空气，使汽缸内空气压力呈周期性变化，变化的空气压力带动汽缸中的击锤往复打击钻头的顶部，相当于用锤子敲击钻头，因此不需要手用多大的力气即可得到锤击的效果。使用锤钻可以在混凝土、砖、石头等硬性材料上开 6～100mm 的孔，开孔效率较高，但不能用锤钻在金属上开孔。

手电钻单单用于钻，冲击钻既能钻也有轻微锤击的效果，锤钻既能钻也有较高的锤击效果。

使用上述的各种电钻时应注意以下几点。

① 在钻较大的孔时，可先用小钻头钻穿，再用大钻头钻。

② 脸朝上进行钻孔作业时，要戴上防护面罩。

③ 在生铁铸件上钻孔时，要戴好防护眼镜，以保护眼睛。

④ 作业时，钻头处在灼热状态，应注意避免灼伤肌肤。

⑤ 严禁用手直接清理钻孔时产生的钻屑，应使用专用的工具清屑。

⑥ 站在梯子上工作或高处作业时，应做好防高处坠落措施，梯子应有地面人员扶持。

3.2　常用的电工仪表

一、万用表

万用表又称为复用表、多用表、三用表等，一般以测量电压、电流和电阻为主要目的。万用表按显示方式分为指针万用表和数字万用表，指针万用表和数字万用表分别如图 3.15 的左图和右图所示。

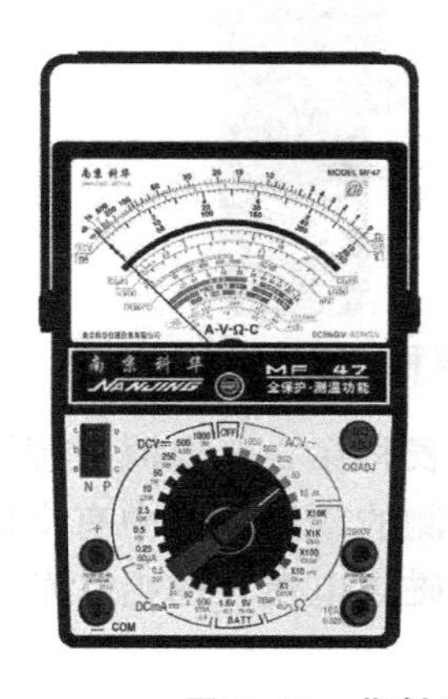

图 3.15　指针万用表和数字万用表

万用表是一种多功能、多量程的测量仪表，可用来测量直流电流、直流电压、交流电流、交流电压、电阻和音频电平等，有的还可以用来测量电容量、电感量及半导体的一些参数等。

数字万用表是目前最常用的一种数字仪表，其主要特点是准确度高、分辨率强、测试功能完善、测量速度快、显示直观、过滤能力强、耗电小、便于携带、使用方便简单等。

使用万用表时应注意以下几点。

① 不能用手接触表笔的金属部分，这样一方面可以保证测量结果准确，另一方面也可以保证人身安全。

② 不能在测量某一电量的同时换挡，尤其在测量高电压或大电流时更应注意，否则，会毁坏万用表。如需要换挡，应先断开表笔，换挡后再测量。

③ 要避免外界磁场的影响。

④ 使用完毕，应将转换开关置于交流电压的最大挡。如果长期不用，应将内部的电池取出来，以免电池腐蚀表内其他器件。

⑤ 使用前应熟悉万用表的各项功能，根据被测量的对象，正确选用挡位、量程及表笔插孔。

⑥ 在对被测数据大小不明时，应先将量程开关置于最大值，然后由大量程挡往小量程挡切换。

二、钳形电流表

用钳形电流表可以在不断开交流电路的情况下直接测量电路中的电流，指针式钳形电流表和数字式钳形电流表分别如图 3.16 的左图和右图所示。

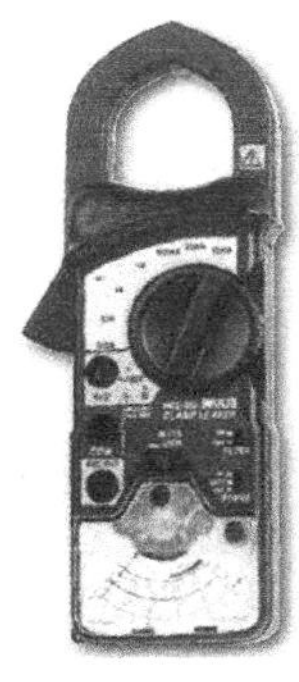

图 3.16 指针式钳形电流表和数字式钳形电流表

钳形电流表的测量部分由一只电磁式电流表和穿心式电流互感器组成。穿心式电流互感器铁芯做成活动开口，并且成钳形，当被测的载流导线中有交流电通过时，交流电流的磁通在互感器副绕组中感应出电流，使电磁式电流表的指针发生偏转，在表盘上可读出被测的电流值。

使用钳形电流表时应注意以下几点。

① 测量前，应检查指针是否在零位，否则，应机械调零。

② 使用时应先用较大量程进行测量，然后再视被测电流的大小变换量程。切换量程时应先将导线退出表，再转动量程旋钮。

③ 如果被测电路的电流太小，可将被测载流导线在钳口部分的铁芯上缠绕几圈再测量，然后将读数除以穿入钳口内导线的根数即可得实际电流值。

④ 测量时，将被测导线置于钳口内中心位置，可减小测量误差。

⑤ 用完钳形电流表后，应将量程旋钮转至最高挡。

三、兆欧表

兆欧表是一种测量电气设备及电路绝缘电阻的仪表，指针式兆欧表和数字式兆欧表分别如图 3.17 的左图和右图所示。

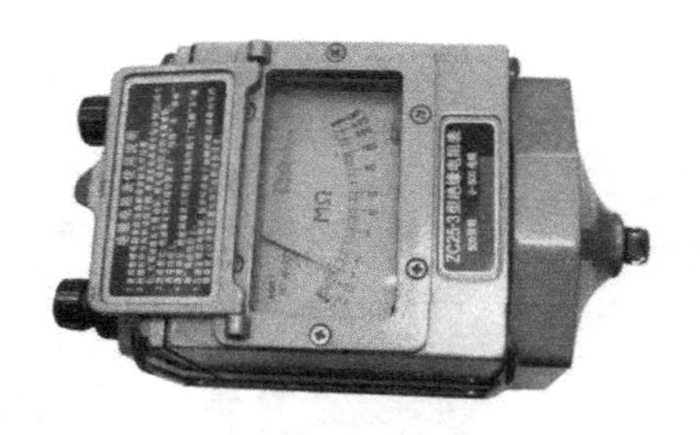
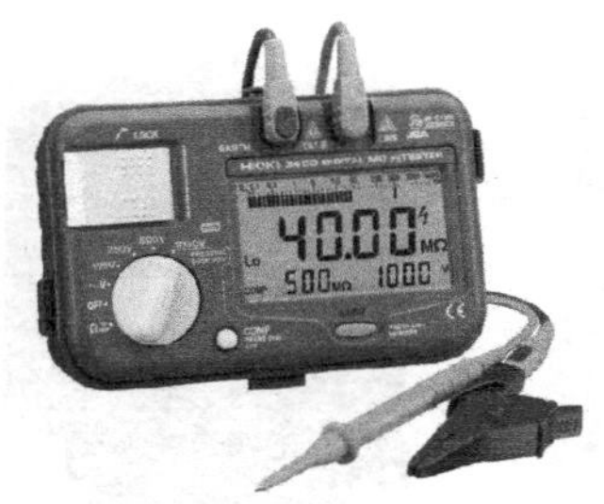

图 3.17　指针式兆欧表和数字式兆欧表

兆欧表由三部分组成：手摇直流发电机（或交流发电机加整流器）、磁电式流比计、接线桩。

兆欧表的使用方法如下。

① 测量前应检查兆欧表是否正常；检查被测电气设备和电路是否已切断电源；对设备和线路放电，减少测量误差。

② 将兆欧表水平放置在平稳牢固的地方，

③ 正确连接线路，然后摇动手柄，转速控制在 120r/min 左右，允许有±20%的变化，但不得超过±25%。摇动一分钟后，待指针稳定下来再读数。

④ 兆欧表未停止转动前，切勿用手触及设备的测量部分或摇表接线桩。

⑤ 禁止在有雷电时或附近有高压导体的设备上测量绝缘电阻。

⑥ 应定期校验，检查其测量误差是否在允许范围以内。

选用兆欧表时，主要考虑它的输出电压及测量范围，兆欧表的选用如表 3.1 所示。

表 3.1　兆欧表的选用

被测对象	被测设备或线路额定电压（V）	选用的摇表（V）
线圈的绝缘电阻	500 以下	500
	500 以上	1000
电机绕组绝缘电阻	500 以下	1000
变压器、电机绕组绝缘电阻	500 以上	1000～2500
电气设备和电路绝缘电阻	500 以下	500～1000
	500 以上	2500～5000

四、电能表

电能表是用来测量电能的仪表，又称电度表、火表或千瓦小时表。

使用电能表时要注意，在低电压（不超过 500V）和小电流（小于 100A）的情况下，电能表可直接接入电路进行测量；在高电压或大电流的情况下，电能表不能直接接入电路，需配合电压互感器或电流互感器进行测量。电能表按其测量的电路可分为直流电能表和交流电能表。交流电能表按其相数又可分为单相电能表、三相三线电能表和三相四线电能表。直流电能表和单相电能表分别如图 3.18 的左图和右图所示，三相三线电能表和三相四线电能表分别如图 3.19 的左图和右图所示。

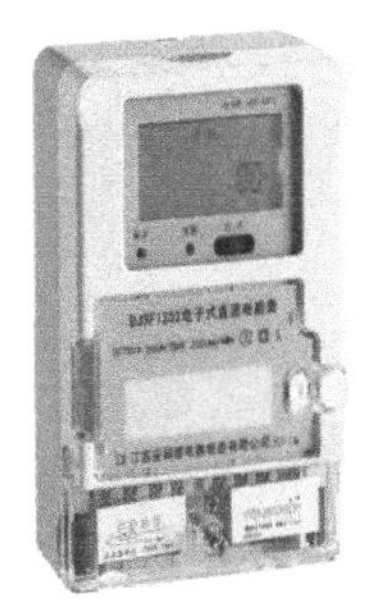

图 3.18 直流电能表和单相电能表

图 3.19 三相三线电能表和三相四线电能表

五、接地电阻仪

接地电阻仪如图 3.20 所示。

图 3.20 接地电阻仪

接地电阻仪是一种专门用来直接测量各种接地装置电阻值的仪表。量程范围为 0.01～1000Ω，分辨率为 0.01Ω，能准确测量 0.7Ω 以下接地电阻的电阻值。

使用接地电阻仪时应注意以下几点。

① 接地电阻仪应存放在干燥通风的地方，注意环境温度和湿度，避免受潮，应防止酸碱及腐蚀气体。

② 测量保护接地电阻时，一定要断开电气设备与电源的连接。

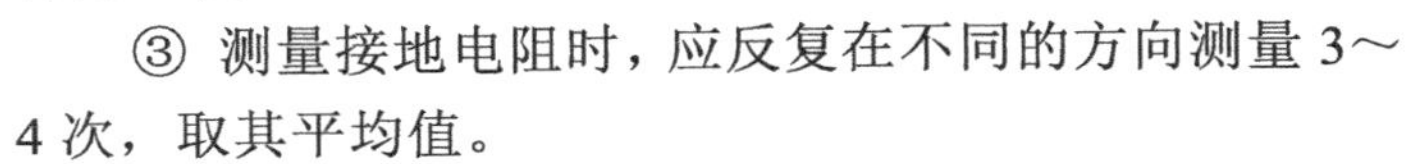

③ 测量接地电阻时，应反复在不同的方向测量 3～4 次，取其平均值。

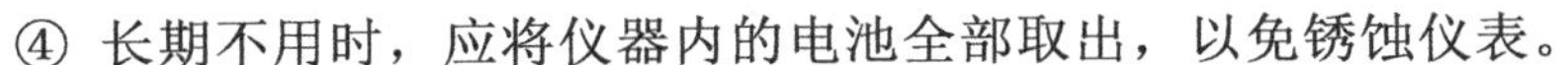

④ 长期不用时，应将仪器内的电池全部取出，以免锈蚀仪表。

六、电流表

电流表是用来测量电流的仪表，如图 3.21 所示。电流表是根据通电导体在磁场中受磁场力的作用而制成的。

使用电流表时应注意以下几点。

① 测量电流时，电流表串联接入被测电路。测量直流电流时，必须注意仪表的极性，使仪表的极性与被测量电流的极性一致。

② 测量大电流时，必须采用电流互感器。电流表的量程应与互感器的额定值相符，一般电流为 5A。

③ 当电路中被测量的电流超过仪表的量程时，可采用外附分流器，但应注意，其准确度等级应与仪表的准确度等级相符。

七、电压表

电压表是测量电压的一种仪器，如图 3.22 所示。

图 3.21 电流表

图 3.22 电压表

电压表由永磁体、线圈等组成。电压表是一个相当大的电阻器，可以理想地认为其电阻无穷大。指针式电压表包括一个灵敏电流计，在灵敏电流计里面有一个永磁体，在电流计的两个接线柱之间串联一个由导线组成的线圈，线圈放置在永磁体的磁场中，并通过传动装置与表的指针相连。大部分电压表都分为两个量程。电压表有三个接线柱，一个负接线柱，两个正接线柱，电压表的正极与电路的正极连接，负极与电路的负极连接。

使用电压表时应注意以下几点。

① 测量时应将电压表并联接入被测电路。

② 由于电压表与负载是并联的，要求内阻远大于负载电阻。

③ 测量高电压时，必须采用电压互感器，电压表的量程应与互感器的额定值相符，一般电压为 100V。

④ 当电路中被测量的电压超过仪表的量程时，可采用外附分压器，但应注意其准确度等级应与仪表的准确度等级相符。

⑤ 测量直流电时，先把电压表的“-”端钮接入被测电路的低电位端，再把“+”端钮接入被测电路的高电位端。

⑥ 对多量限电压表，当需要变换量限时，应将电压表与被测电路断开后，再改变量限。

3.3 电工电子基本知识

一、电和磁的基本知识

1. 电流

导体中的自由电荷在电场力的作用下进行有规则的定向运动就形成了电流。规定正电荷定向流动的方向为电流方向，以单位时间内流经导体截面的电荷 Q 来表示电流的强弱，称之为电流强度，简称为电流，电流的符号为 I，单位是安培(A)，简称为“安”。

一些常见产品的电流：电子手表——1.5μA 至 2μA，白炽灯——200mA，手机——100mA，空调——5～10A，闪电——20000～200000A。

电流有下述三个效应。

① 热效应：导体通电时发热的现象称为电流的热效应。焦耳定律是定量说明传导电流将电能转换为热能的定律。

② 磁效应：任何通有电流的导线都会在其周围产生磁场的现象称为电流的磁效应。

③ 化学效应：由于电流中的带电粒子(电子或离子)参与而使得物质发生化学变化的现象称为电流的化学效应。电解水或电镀等都是电流的化学效应。

2. 电压

电压表示单位电荷在静电场中由于电势不同产生的能量差，其大小等于单位正电荷因受电场力作用从一点移动到另一点所做的功，电压的方向规定为从高电位指向低电位。电压的单位为伏特(V)，简称为伏，常用的单位还有毫伏(mV)、微伏(μV)、千伏(kV)等。电压与水位高低所造成的水压相似。

电压按大小可分为高电压，低电压和安全电压，以电气设备对地的电压值为依据。对地电压大于或等于 1000V 的为高压，对地电压小于 1000V 的为低压。

安全电压指人体较长时间接触而不致发生触电危险的电压。我国对工频安全电压规定了五个等级：42V、36V、24V、12V 和 6V。

3. 电功

电流将电能转换成其他形式能量所做的功称为电功。

电能可以转化成多种其他形式的能量，电能转化成多种其他形式能量的过程就是电流做功的过程，有多少电能发生了转化就说电流做了多少功。

电流做功的多少和电流的大小、电压的高低、通电时间的长短有关。加在用电器上的电压越高、通过的电流越大、通电时间越长，电流做功就越多。研究表明，当电路两端电压为 U，电路中的电流为 I，通电时间为 t 时，电功(或者说消耗的电能) $W=UIt$。

4. 电功率

电流在单位时间内做的功称为电功率，它是表示消耗电能快慢的物理量，用 P 表示，单位是瓦特(W)，简称为瓦。

作为表示电流做功快慢的物理量，一个用电器功率的大小在数值上等于它在 1s 内所消耗的电能，如果在时间 t(单位为 s)内消耗的电能为 W(单位为 J)，那么这个用电器的电功率 $P=W/t$，电功率可以用导体两端电压与通过导体电流的乘积来计算。

5. 欧姆定律

欧姆定律：通过某段导体的电流跟这段导体两端的电压成正比，跟这段导体的电阻成反比。

6. 基尔霍夫电流定律

基尔霍夫电流定律(也称为节点电流定律)：对电路中的任意一个节点，在任意时刻，流入节点的电流之和等于流出节点的电流之和。节点是指三条或三条以上支路的连接点(交叉点)，支路是指一个或几个元件串联后组成的没有分岔的电路，同一支路上的电流相等。

7. 基尔霍夫电压定律

基尔霍夫电压定律(也称为回路电压定律)：任何一个闭合回路(闭合回路是指电路中

的任意闭合路径）中，各元件上的电压降的代数和等于电动势的代数和，也就是说，从某一点出发绕回路一周再回到该点时，各段电压的代数和恒等于零，即$\sum U=0$。

基尔霍夫电压定律是电路中电压所遵循的基本规律，是分析和计算较复杂电路的基本依据。

沿任一回路绕行一周的回路中各段电压正负号的规定是：凡是元件的端电压从+到-的方向（电压降）与绕行方向一致时取正值，相反时取负值。

8. 电和磁的关系

① 磁体——能够产生磁场的物质或材料。磁体是一种奇特的物质，它有一种无形的力，既能吸引一些物质，又能排斥一些物质。磁体分为永磁体和软磁体。磁体具有两极性：磁性北极 N 和磁性南极 S，磁体被斩断后仍有两极，N 极和 S 极，不存在只有单个磁极的磁体。

② 磁场——磁体周围存在磁场，磁体间的相互作用就是以磁场作为媒介的，所以两磁体在物理层面不接触就能发生作用。磁极之间的作用力是通过磁极周围的磁场传递的。磁场是磁力作用的空间中的一种特殊的物质，磁场不由原子或分子组成，但它是客观存在的。

③ 电流的磁效应——任何通有电流的导线在其周围都会产生磁场的现象。磁场的强弱和通电导体的电流强度有关，电流越大，磁场越强；磁场还与通电导体的距离有关，离导体越近，磁场越强。

④ 电磁感应——因磁通量变化而产生感应电动势的现象，例如，闭合电路的一部分导体在磁场里做切割磁力线运动时，导体中就会产生电流，这样产生的电流称为感应电流，产生的电动势称为感应电动势。

二、交流电基本知识

1. 电流的分类

电流分为交流电和直流电。

交流电：大小和方向都发生周期性变化的电流。交流电在家庭生活、工业生产中有广泛的应用。生活中的民用电压（220V）、工业用电压（380V），都属于危险电压。

直流电：方向不随时间发生改变的电流。生活中使用的可移动外置式电源提供的是直流电。干电池（1.5V）、锂电池、蓄电池等称为直流电源。直流电被广泛使用于手电筒（用干电池供电）、手机（用锂电池供电）等各类生活小电器中。这些电源的电压都不超过 24V，它们属于安全电源。

2. 正弦交流电

电流随时间按照正弦函数规律变化的交流电称为正弦交流电，使用正弦交流电可以有效地传输电力。生活中使用的市电就是具有正弦波形的交流电，还有用其他的波形传输的电流，例如三角形波、正方形波等。

正弦交流电的三要素：最大值、角频率和初相位（初相）。大小和方向随时间按正弦函数规律变化的电流或电压表示为$i=I_m\sin(\omega t+\alpha)$或$u=U_m\sin(\omega t+\alpha)$。式中，$i$、$u$ 为交流电电流、电压的瞬时值，I_m、U_m 为交流电电流、电压的最大值，ω 为交流电的角频率，α 为交流电的初相位。

3. 三相交流电

三相交流电是由三个频率相同、电势振幅相等、相位差互为120°的交流电路组成的电力系统。目前，我国生产、配送的都是三相交流电。三相交流电是三个相位差相等的对称的正弦交流电的组合，它由三相发电机三组对称的绕组产生，每一绕组连同其外部回路称一相，它们的组合称三相制，常以三相三线制和三相四线制方式，即三角形接法和星形接法供电。

输送三相交流电时，只有三条火线，供电给用户时有三条火线和中性线。只使用其中一条火线及中性线，便是单相电。单相电中的相线及中性线也称为火线和零线。在日常生活中，我们接触的用电负载，如电灯、电视机、电冰箱、电风扇等家用电器及单相电动机工作时都用两根导线接到电路中，它们都属于单相负载。

三相交流电也称为三相电，它的主要优点是：在电力输送上节省导线；能产生旋转磁场，为结构简单、使用方便的异步电动机的发展和应用创造了条件。由于三相电不排除对单相负载供电，因此三相电获得了广泛的应用。三相电在电源端和负载端均有星形和三角形两种接法。

民用供电使用三相电为楼层或小区供电时的进户线多用星形接法，其相电压为220V，线电压为380V(近似值)，需要使用中性线，一般也都有地线，即为三相五线制。而进户线为单相线，即三相中的一相，对地或对中性线电压均为220V。一些大功率空调等家用电器也使用三相四线制接法，此时进户线必须是三相线。

工业用电中，进入厂区的一般是6kV以上的高压三相电，它们经总降压变电所、总配电所或车间变电所变压，转变为较低电压后，以三相或单相的形式进入各个车间供电。

三、电子技术基本知识

1. 半导体

半导体是在常温下导电性能介于导体与绝缘体之间的材料，例如二极管就是采用半导体制作的器件。半导体应用于集成电路、消费电子电器、通信系统、光伏发电、照明应用、大功率电源转换等领域。从科技或是经济发展的角度看，半导体都是非常重要的。大部分电子产品，例如计算机、移动电话、数字录音机中的核心单元都和半导体有极为密切的关系。常见的半导体材料有硅、锗、砷化镓等。

(1) 本征半导体

本征半导体是不含杂质且无晶格缺陷的纯净半导体。常见的本征半导体为硅、锗这两种元素的单晶体结构。

(2) 杂质半导体

① N型半导体：在硅晶体(或锗晶体)中掺入少量的磷元素(或锑元素)杂质构成的半导体。在这种半导体中，磷原子外层的5个电子中的4个与周围的半导体原子形成共价键，多出的一个电子几乎不受束缚，较容易成为自由电子。N型半导体是含电子浓度较

高的半导体，它主要依靠自由电子导电。

② P 型半导体：在硅晶体(或锗晶体)中掺入少量的硼元素(或铟元素)杂质构成的半导体。在这种半导体中，硼原子外层的 3 个电子与周围的半导体原子形成共价键时，会产生一个“空穴”，这种空穴可能吸引束缚电子来“填充”，使得硼原子成为带负电的离子。P 型半导体中含有较高浓度的“空穴”(相当于正电荷)，成为能够导电的物质。

2. PN 结

采用不同的掺杂工艺，通过扩散作用，将 P 型半导体与 N 型半导体制作在同一块半导体(通常是硅或锗)基片上，在它们的交界面形成的空间电荷区称为 PN 结。PN 结具有的单向导电性是电子技术中许多器件所利用的特性，例如，它们是半导体二极管、双极性晶体管的物质基础。

3. 二极管

二极管是用半导体材料(硅、硒、锗等)制成的一种电子器件。它具有单向导电性能，在二极管阳极和阴极加上正向电压时，二极管导通；在阳极和阴极加上反向电压时，二极管截止。二极管的导通和截止就相当于开关的接通与断开。

二极管是最早诞生的半导体器件，其应用非常广泛。通过合理地连接二极管和电阻、电容、电感等元器件组成不同功能的电路，可以实现对交流电整流、对调制信号检波、限幅和钳位以及使电源稳压等多种功能。在常见的家用电器产品或工业控制电路中，都可以找到二极管的踪迹。

4. 二极管举例

① 稳压二极管——一种特殊的面接触型半导体硅二极管，具有稳定电压的作用。稳压二极管与普通二极管的主要区别在于，稳压二极管工作在 PN 结的反向击穿状态。通过在制造过程中采取的工艺措施和使用时限制反向电流的大小，能保证稳压二极管在反向击穿状态下不会因过热而损坏。稳压二极管与一般二极管不一样，它的反向击穿是可逆的，只要电流不超过稳压二极管的允许值，PN 结就不会过热损坏。稳压二极管具有良好的重复击穿特性，去除外加反向电压后，稳压二极管即可恢复原性能。

② 光电二极管——又称光敏二极管，它的管壳上有一个用来接受光照的玻璃窗口。光电二极管作为光控元件，在各种物体检测、光电控制、自动报警等方面得到应用。作为一种能源，在大面积范围内使用光电二极管可以组成光电池。光电池不需要外加电源，能直接把光能变成电能。

③ 发光二极管——一种将电能直接转换成光能的半导体固体显示器件，简称为 LED。发光二极管由一个 PN 结构成，这个 PN 结封装在方形、矩形或圆形的透明塑料壳内。发光二极管的驱动电压低，工作电流小，具有很强的抗振动和抗冲击能力。它的体积小、可靠性高、耗电省和寿命长，被广泛应用于信号指示等电路中。

5. 三极管

三极管的全称为半导体三极管，也称为双极型晶体管、晶体三极管。三极管是一种用来控制电流的半导体器件，它可以把微弱的电信号放大成较强的电信号，也可用作无触点开关。

三极管是一种基本的半导体元器件，由于它有放大电流的作用，因此成为电子电路的核心元件。

在一块半导体基片上制作两个相距很近的 PN 结即构成了三极管，两个 PN 结把整块半导体分成三部分，中间部分是基区，两侧部分是发射区和集电区，PN 结的排列方式有 PNP 和 NPN 两种。

三极管的分类如下：按材质区分，可分为硅管、锗管；按结构区分，可分为 NPN、PNP 两种；按功能区分，可分为开关管、功率管、达林顿管、光敏管等；按功率区分，可分为小功率管、中功率管、大功率管；按工作频率区分，可分为低频管、高频管、超频管；按结构工艺区分，可分为合金管、平面管；按安装方式区分，可分为插件三极管、贴片三极管。

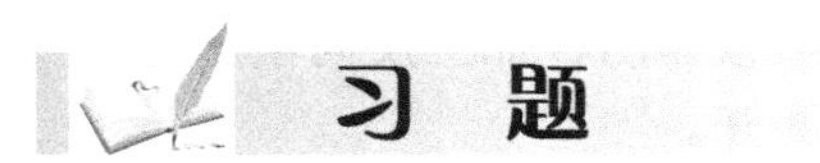

习 题

一、单选题

1. 下列材料中，导电性能最好的是(　　)。

A. 铜　　B. 铁　　C. 铝

2. 在电路中，开关应安装在(　　)上。

A. 零线　　B. 地线　　C. 相线

3. 使用剥线钳时，选用的刃口应(　　)。

A. 和导线直径相同　　B. 比导线直径稍大　　C. 比导线直径大许多

4. 钳形电流表是利用(　　)的原理制造的。

A. 电压互感器　　B. 变压器　　C. 电流互感器

5. 使用钳形电流表时，应先用较大量程，然后视被测电流的大小变换量程。切换量程时，(　　)。

A. 应先让钳形电流表退出电路，再转动量程旋钮

B. 直接转动量程旋钮

C. 一边进线一边换挡

6. 用钳形电流表测量电流时，可以在(　　)电路的情况下进行。

A. 短接　　B. 断开　　C. 不断开

7. 测量电压时，电压表应与被测电路(　　)。

A. 并联　　B. 正接　　C. 串联

8. 电能表是用来测量(　　)的仪器。

A. 电流　　B. 电压　　C. 电能

9. 导体两端的电压为 5V 时，导体的电阻值为 5Ω，当导体两端电压为 2V 时，导体的电阻值为(　　)。

A. 2Ω　　B. 10Ω　　C. 5Ω

10. 接地电阻仪是测量（　）的装置。

A. 接地电阻　　B. 绝缘电阻　　C. 直流电阻

二、判断题

1. 用活络扳手扳动较大的螺钉或螺母时，因为所需力矩较大，因此手应握在接近扳手头部的地方。（　）

2. 斜口钳适用于清除接线后多余的线头和飞刺。（　）

3. 晶体三极管是具有放大电流功能的半导体器件，有 PNP 和 NPN 两种。（　）

4. 用钢丝钳剪切带电的导体时，不能用刀口同时剪切相线和零线。（　）

5. 发光二极管能将电信号转换成光信号，在电路中需要正接才能工作。（　）

6. 在拧螺钉时，可以用小规格的螺丝刀拧大号螺钉。（　）

7. 用电工刀剖削导线绝缘层时，应垂直于导线剖削。（　）

8. 使用电工刀时，刀口可以朝向人体内侧。（　）

9. 尖嘴钳的头部尖而长，适合在狭小的环境中夹持轻巧的工件或线材。（　）

10. 使用剥线钳时，选择的切口直径可以小于线芯的直径。（　）

11. 当二极管正极与电源正极连接，负极与电源负极连接时，二极管能导通，反之，二极管不能导通。（　）

第4章

低压电器

电器在一般意义下泛指所有用电的器具。从专业的角度出发，电器主要指对电路进行接通、分断，对电路参数进行变换，从而对电路或用电设备进行控制、调节、切换、检测和保护等的电气装置、设备；从普通民众的角度出发，电器主要指家庭常用的一些用电设备，如电视机、空调、冰箱、洗衣机、各种小家电等。

我们在本章从专业的角度出发介绍电器。

4.1 电器的分类和用途

一、电器的分类

电器的用途广泛，功能多样，种类繁多，结构各异。下面介绍几种主要的电器分类方法。

1. 按工作的电压等级分类

① 高压电器：用于交流电压 1200V、直流电压 1500V 及以上电路中的电器，例如高压断路器、高压隔离开关、高压熔断器等。户外高压隔离开关和高压熔断器分别如图 4.1 的左图和右图所示。

图 4.1 户外高压隔离开关和高压熔断器

② 低压电器：用于交流 50Hz(或 60Hz)、额定电压为 1200V 以下，直流额定电压 1500V 及以下的电路中的电器，例如断路器、继电器、控制按钮等。断路器和热继电器分别如图 4.2 的左图和右图所示。

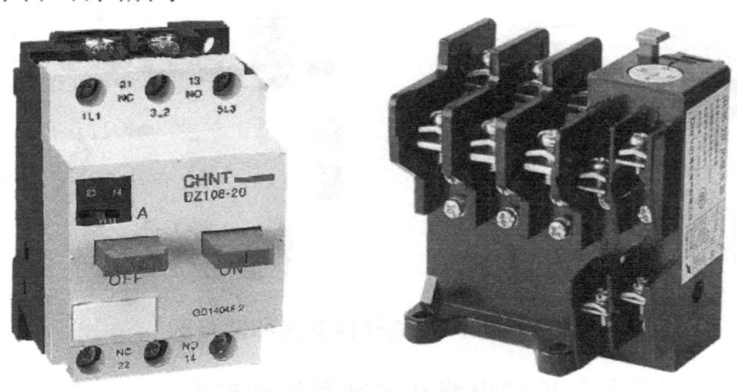

图 4.2　断路器和热继电器

2. 按动作原理分类

① 手动电器：用手或依靠机械力操作的电器，如手动开关、控制按钮、行程开关等主令电器。控制按钮和行程开关分别如图 4.3 的左图和右图所示。

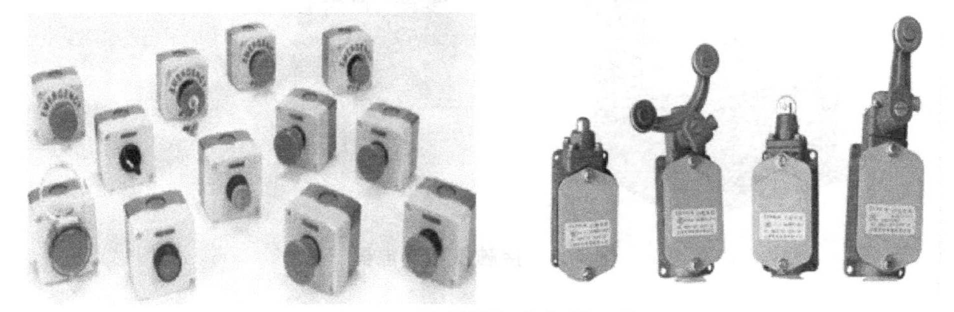

图 4.3　控制按钮和行程开关

② 自动电器：借助于电磁力或某个物理量的变化自动进行操作的电器，如接触器、各种类型的继电器、电磁阀等。继电器和电磁阀分别如图 4.4 的左图和右图所示。

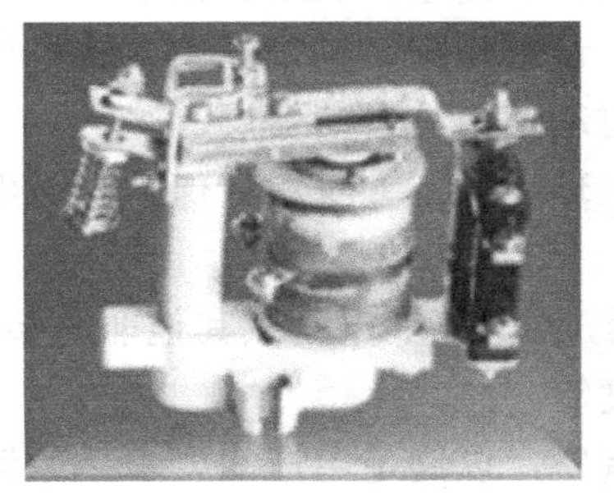

图 4.4　继电器和电磁阀

3. 按用途分类

① 配电电器：主要用于低压配电系统中，它是在系统发生故障时能准确、可靠地工作，在规定条件下有相应的动稳定性与热稳定性，使用电设备不会被损坏的电器。常

用的配电电器有刀开关、转换开关、熔断器、断路器等。万能转换开关和断路器分别如图 4.5 的左图和右图所示。

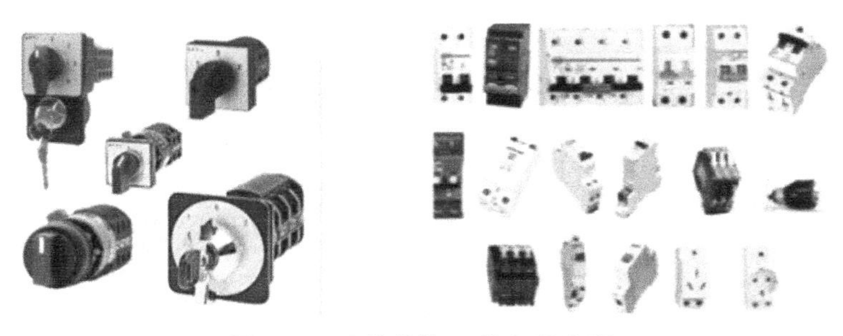

图 4.5　万能转换开关和断路器

② 控制电器：用于各种控制电路和控制系统的电器，如接触器、继电器、电动机启动器等。接触器和继电器分别如图 4.6 的左图和右图所示。

图 4.6　接触器和继电器

二、低压电器的作用

低压电器能够依据操作信号或外界现场信号的要求，自动或手动地改变电路的状态、参数，实现对电路或被控对象的控制、保护、测量、调节、指示、转换。低压电器的作用有：控制作用、保护作用、测量作用、调节作用、指示作用、转换作用。

控制作用：如电梯的上下移动、快慢速自动切换与自动停层等。

保护作用：能根据设备的特点，对设备、环境以及人身实行保护，如电动机的过热保护、电网的短路保护、漏电保护等。

测量作用：利用仪表及与之相适应的电器，对设备、电网或其他非电参数进行测量，如测量电流、电压、功率、转速、温度、湿度等。

调节作用：可对一些电量和非电量进行调整，以满足用户的要求，如调整柴油机油门，调节房间温度和湿度，调节照度等。

指示作用：利用控制、保护等功能，检测出设备运行状况与电气电路工作情况，如监测绝缘等。

转换作用：在用电设备之间转换或让低压电器、控制电路分时投入运行，以实现功能切换，如手动与自动转换励磁装置，切换市电与自备电供电等。

常见的低压电器的类别和用途如表 4.1 所示。

表 4.1 常见的低压电器的类别和用途

类别	主要品种	用途
刀开关	开关板用刀开关	主要用于电路的隔离，有时也能分断负荷
	负荷开关	
	熔断器式刀开关	
转换开关	组合开关	主要用于切换电源，也可用于通断负荷或切换电路
	换向开关	
断路器	塑料外壳式断路器	主要用于电路的过负荷、短路、欠电压、漏电压保护，也可用于不频繁接通和断开的电路
	框架式断路器	
	限流式断路器	
	漏电保护式断路器	
	直流快速断路器	
熔断器	有填料熔断器	主要用于电路短路保护，也用于电路的过载保护
	无填料熔断器	
	半封闭插入式熔断器	
	快速熔断器	
	自复熔断器	
主令电器	按钮	主要用于发布命令或程序控制
	限位开关(行程开关)	
	微动开关	
	接近开关	
	万能转换开关	
接触器	交流接触器	主要用于远距离频繁控制负荷，切断带负荷电路
	直流接触器	
继电器	电流继电器	主要用于控制电路，将被控量转换成控制电路所需电量或开关信号
	电压继电器	
	时间继电器	
	中间继电器	
	热继电器	

随着科学技术的发展，新功能、新设备会不断出现。

4.2 低压控制电器

一、主令电器

主令电器在控制电路中以开关触点的通断形式来发布控制命令，使控制电路执行对应的控制任务。常用的主令电器有按钮、行程开关、万能转换开关、接近开关、主令控制器、选择开关、足踏开关等。

1. 按钮

按钮是可以短时接通或者分断 5A 以下的小电流电路的控制电器，它用来向其他电器发出指令性的电信号，控制其他电器动作。按钮是一种手动并且一般可以自动复位的主令电器。由于按钮载流量小，因此不能直接用它控制主电路的通断。在控制电路中，通过按动按钮发出相关的控制指令来控制接触器、继电器等电器，再由继电器、接触器等其他电器受控后的工作状态实现对主电路进行通断的控制要求。

在控制电路中，发出控制“指令”，要用来控制接触器、继电器的线圈得电与失电，从而控制主电路的通断。控制按钮中的急停按钮和钥匙式按钮分别如图 4.7 的左图和右图所示。

图 4.7 急停按钮和钥匙式按钮

手动操作接通或断开控制电路的主令电器，一般为复合式(同时具有常开、常闭触点)。复合式按钮的结构如图 4.8 所示，按下按钮时，常闭触点先分断，常开触点后闭合；松开按钮时，在复位弹簧作用下，常开触点先分断，常闭触点后闭合。

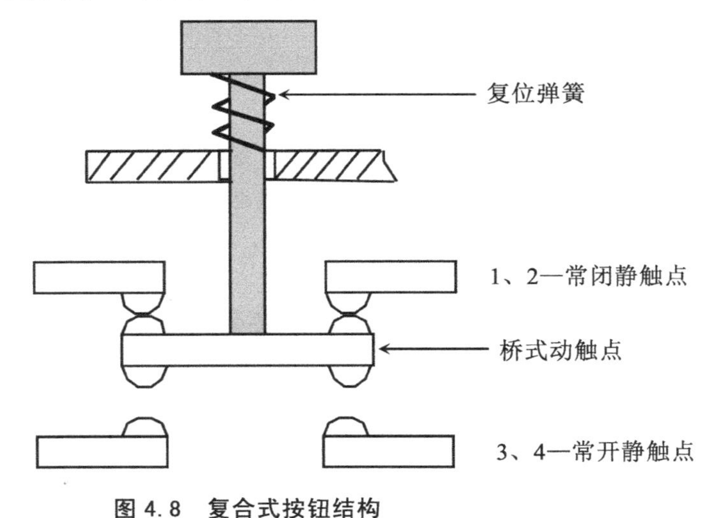

图 4.8 复合式按钮结构

按钮的图形符号如图 4.9 所示，文字符号为 SB。

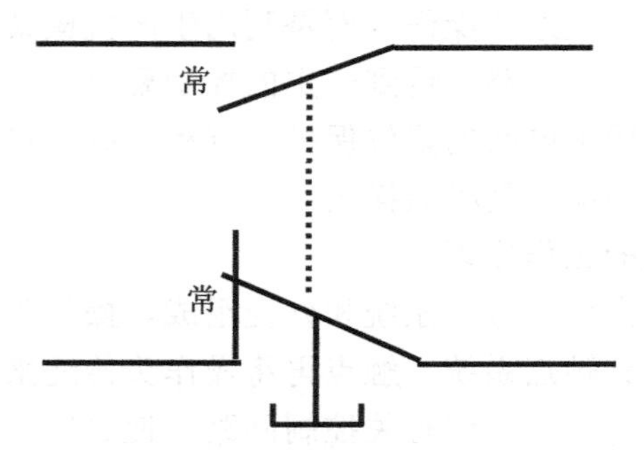

图 4.9　按钮图形符号

在电动机控制电路中，会用到按钮，包含按钮和接触器的单向点动控制电动机的电气原理如图 4.10 所示。

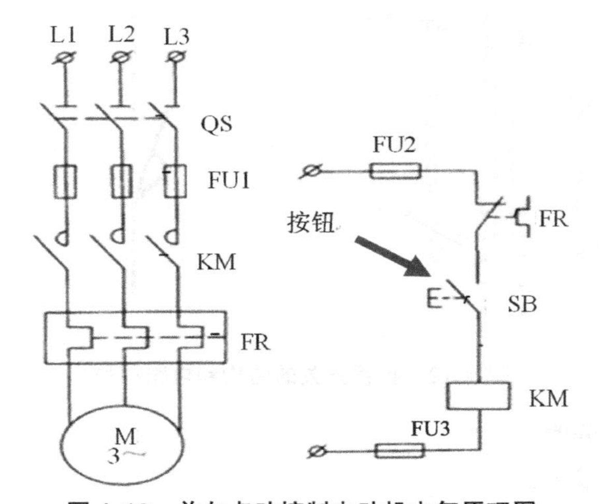

图 4.10　单向点动控制电动机电气原理图

2. 行程开关

行程开关又称为限位开关或位置开关，它利用生产机械运动部件的碰撞，使内部触点动作，分断或切换电路，从而控制生产机械行程、位置或改变其运动状态，常见的行程开关如图 4.11 所示。

图 4.11　常见的行程开关

行程开关可以完成行程控制或限位保护，其作用与按钮相同，只是其触点的动作不靠手指按压的手动方式进行操作，而是利用生产机械某些运动部件的碰撞或碰压使触点动作，接通或分断某些电路，达到一定的控制要求。

行程开关主要用于电路的限位保护、行程控制、自动切换等，它的原理、结构与按钮类似，但其动作的原因是机械撞击。

（1）行程开关的工作原理

行程开关由操作头、触点系统和外壳组成。操作头接受机械设备发出的动作指令或信号，并将其传递到触点系统，触点再将操作头传递来的动作指令或信号，通过本身的结构功能变成电信号，输出到有关控制回路，使之做出必要的反应。

（2）行程开关的结构和电路符号

行程开关的文字符号为SQ，结构和电路符号分别如图4.12的左图和右图所示。

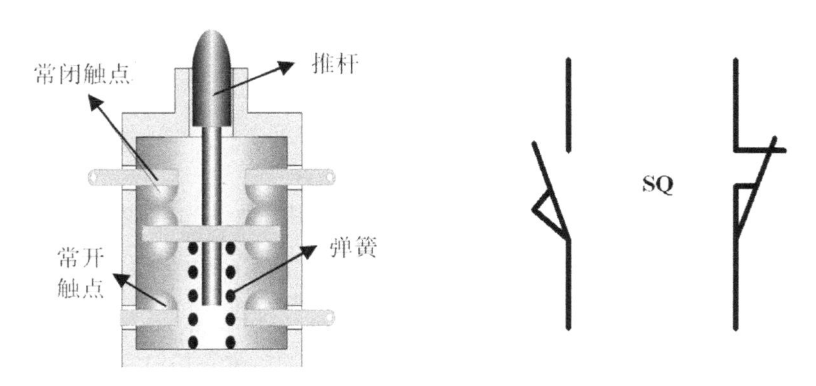

图4.12　行程开关的结构和电路符号

（3）行程开关的分类

行程开关的种类很多。

直动按钮式、单轮旋转式、双轮旋转式行程开关外形分别如图4.13的左、中、右图所示。

图4.13　直动按钮式、单轮旋转式、双轮旋转式行程开关外形

直动按钮式行程开关的外形和内部结构分别如图4.14的左图和右图所示。

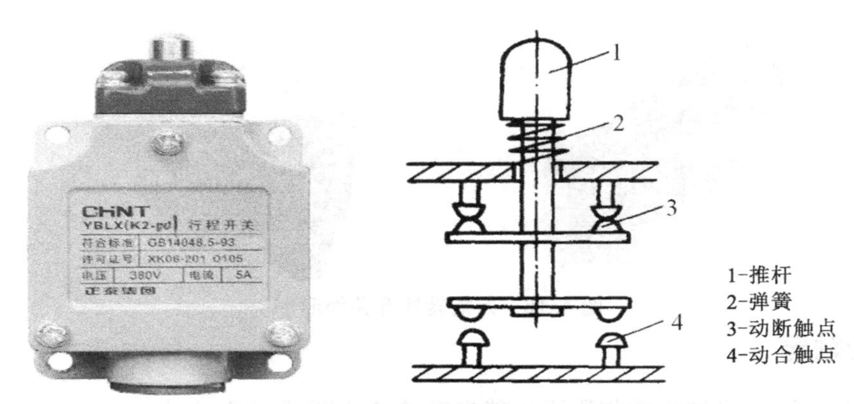

图 4.14 直动按钮式行程开关的外形和内部结构

滚轮式行程开关的外形和内部结构分别如图 4.15 的左图和右图所示。

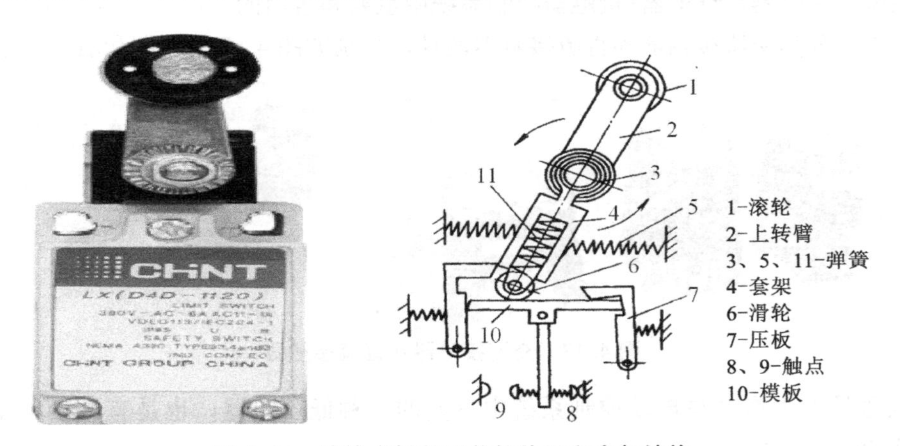

图 4.15 滚轮式行程开关的外形和内部结构

(4) 行程开关的选用

应根据使用场合和控制对象来选用行程开关。当生产机械的运动速度不太快时，通常选用一般用途的行程开关；当生产机械行程通过的路径不宜装直动按钮式行程开关时，应选用凸轮轴转动式行程开关。在工作效率很高、对可靠性及精度要求也很高时，应选用接近开关。

3. 万能转换开关

万能转换开关是一种多挡式、控制多回路的主令电器，主要用于各种控制线路的转换、电压表和电流表的换相测量控制、配电装置线路的转换和遥控等，万能转换开关还可以用来直接控制小容量电动机的启动、调速和换向。万能转换开关的外形如图 4.16 的左图和右图所示。

万能转换开关是由多组相同结构的触点组件叠装而成的多回路控制电器。它由操作机构、定位装置、触点、接触系统、转轴、手柄等部件组成。

图 4.16 万能转换开关外形

二、接触器

接触器是一种在电磁力的作用下，能自动接通或断开带负载(如电动机)的主电路的自动控制电器。由控制电器组成的自动控制系统，称为继电器-接触器控制系统，简称为电器控制系统。接触器是继电器-接触器控制系统中重要和常用的元件。接触器按主触点通过电流的种类，分为交流接触器和直流接触器两种，分别如图 4.17 的左图和右图所示。

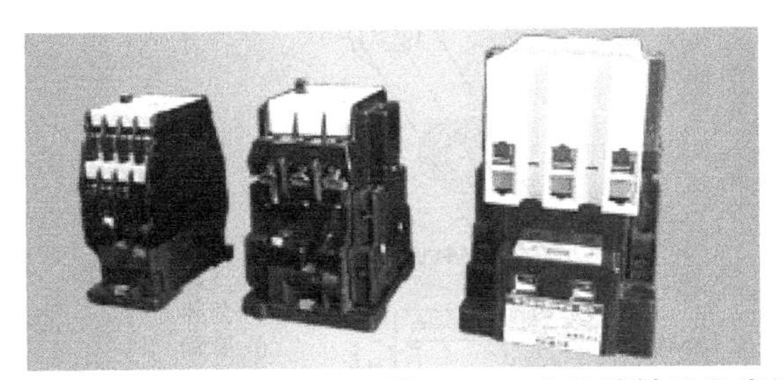

图 4.17 交流接触器和直流接触器

接触器是电力拖动与自动控制系统中重要的一种低压电器，也是有触点电磁式电器的典型代表。

1. 接触器的结构

接触器由电磁系统、触点系统、灭弧装置、复位弹簧等部分构成，其结构如图 4.18 所示。

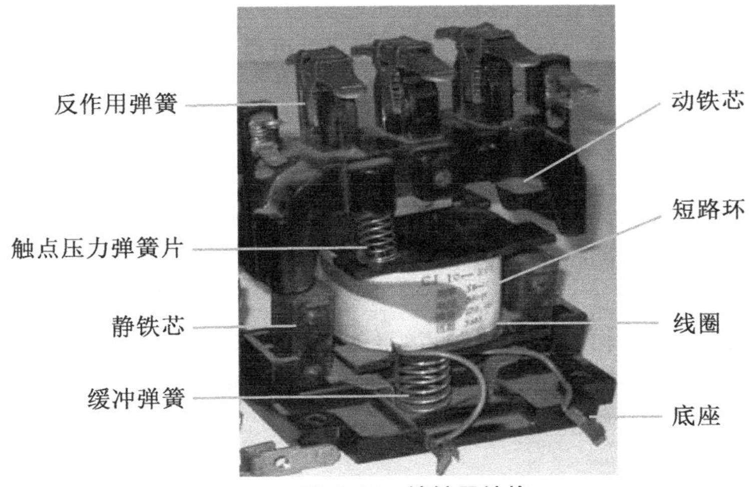

图 4.18 接触器结构

电磁系统：包括动铁芯(衔铁)、静铁芯、线圈。

触点系统：包括用于接通或切断主电路的大电流容量的主触点和用于控制电路的小电流容量的辅助触点。

灭弧装置：用于迅速切断主触点断开时产生的电弧，对于容量较大的交流接触器，常采用灭弧栅灭弧，接触器的灭弧罩如图 4.19 所示。

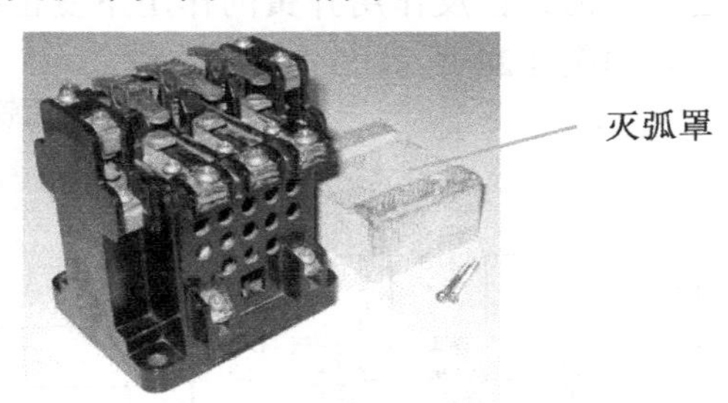

图 4.19 接触器的灭弧罩

2. 接触器的符号

接触器的电路符号和文字符号如图 4.20 所示。

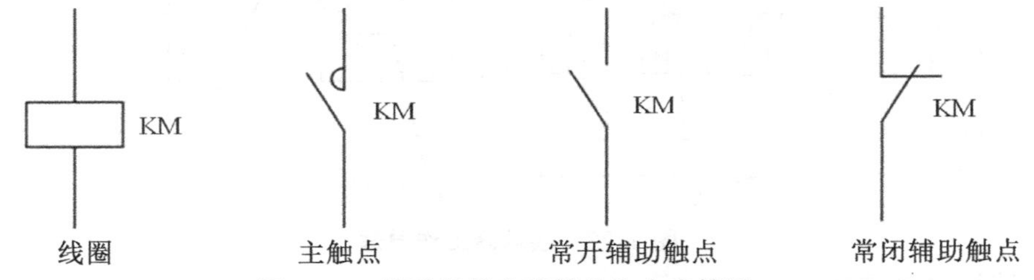

图 4.20 接触器的电路符号和文字符号

在电动机控制电路中会用到接触器，包含按钮和接触器的单向点动控制电动机的电气原理如图 4.21 所示。

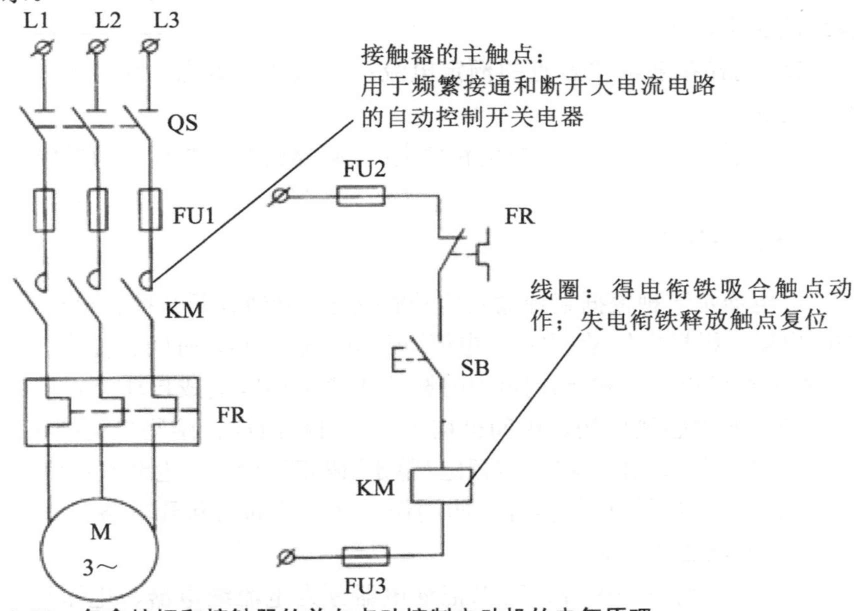

图 4.21 包含按钮和接触器的单向点动控制电动机的电气原理

3. 接触器的工作原理

当接触器的线圈通电后，线圈中的电流产生磁场，使静铁芯磁化产生足够大的电磁吸力，克服反作用弹簧的作用力将衔铁吸合，衔铁通过传动机构带动辅助常闭触点断开，三对常开主触点和辅助常开触点闭合；当接触器线圈断电或电压显著下降时，由于铁芯的电磁吸力消失或过小，衔铁在反作用弹簧的作用下复位，并带动各触点恢复到原始状态。接触器的工作原理如图 4.22 所示。

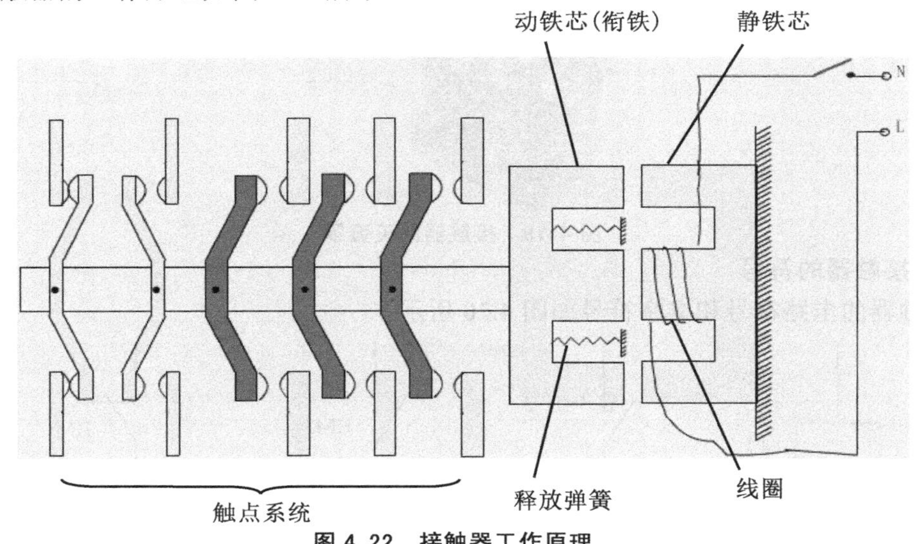

图 4.22 接触器工作原理

4. 接触器的选择

① 选择接触器的类型：根据接触器所控制的负载性质选择接触器的类型。

② 选择接触器主触点的额定电压：接触器主触点的额定电压应大于或等于所控制线路的额定电压。

③ 选择接触器主触点的额定电流：接触器主触点的额定电流应大于或等于负载的额定电流。

④ 选择接触器触点的数量和种类：接触器的触点数量和种类应满足控制线路的要求。

三、继电器

继电器是一种根据某种输入信号的变化，接通或断开控制电路，实现控制目的的自动控制电器。根据电气量(电压、电流)或非电气量(热、时间、转速、压力等)输入信号的变化，继电器可以接通和断开控制电路(小电流电路)，完成自动控制或保护电力装置的任务。

继电器由感测机构、中间机构和执行机构组成。感测机构把感测到的电气量或非电气量传递给中间机构，将它与预定(整定)值相比较，当达到预定值(与整定值相比较过量或欠量)时，中间机构使执行机构动作，从而接通或断开电路。

1. 继电器的分类

① 按感测信号区分，可以把继电器分为电流继电器、电压继电器、速度继电器、时间继电器、压力继电器等，时间继电器和压力继电器分别如图 4.23 的左图和右图所示。

图 4.23 时间继电器和压力继电器

② 按动作原理区分，可以把继电器分为电磁式继电器、感应式继电器、热继电器、机械式继电器、电动式继电器、电子式继电器(晶体管式继电器)等，电磁式继电器和热继电器分别如图 4.24 的左图和右图所示。

图 4.24 电磁式继电器和热继电器

③ 按动作时间区分，可以把继电器分为瞬时继电器、延时继电器。

④ 按用途区分，可以把继电器分为控制继电器、保护继电器。

⑤ 按输出方式区分，可以把继电器分为触点继电器、无触点继电器。

2. 电磁式继电器的结构和工作原理

电磁式继电器结构和工作原理与接触器相似，由触点系统和电磁系统组成，电磁式继电器的结构如图 4.25 所示。

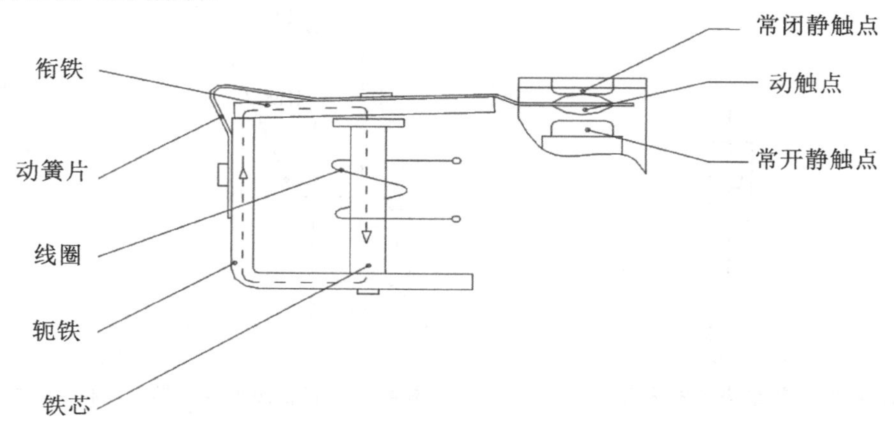

图 4.25 电磁式继电器结构

电磁式继电器的工作原理：当电磁式继电器线圈两端加上一定的电压或电流时，线圈产生的磁通通过铁芯、衔铁、磁路工作气隙组成的磁路，在磁场的作用下，衔铁吸向铁芯极面，推动常闭触点断开，常开触点闭合；当线圈两端的电压或电流小于一定值，机械反作用力大于电磁吸力时，衔铁回到初始状态，常开触点断开，常闭触点接通。

3. 热继电器结构和工作原理

热继电器利用电流通过发热元件时产生的热量，使双金属片受热弯曲而推动触点动作。它主要用于电动机的过载保护、断相保护及电流不平衡运行保护，也可用于其他电气设备发热状态的控制。热继电器的形式有多种，其中双金属片式应用最多。热继电器的结构原理如图 4.26 所示，拆解实物如图 4.27 所示。

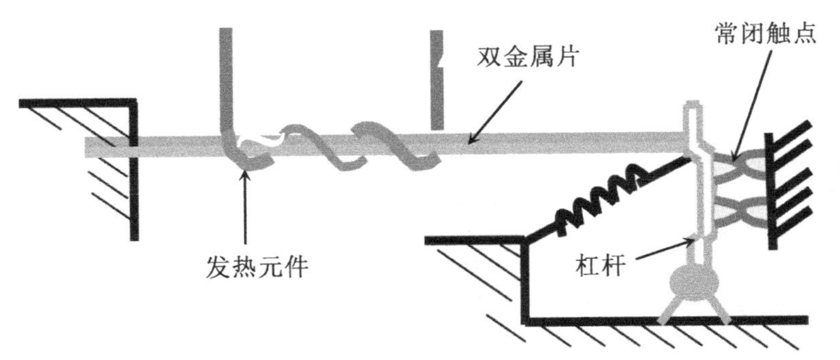

图 4.26 热继电器结构原理

图 4.27 热继电器拆解实物

热继电器的图形符号如图 4.28 所示，文字符号用 FR 表示，包含热继电器的电动机点动控制电路如图 4.29 所示。

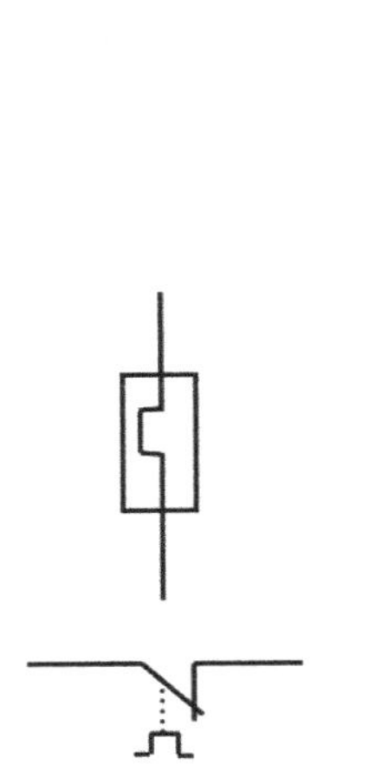

图 4.28 热继电器图形符号

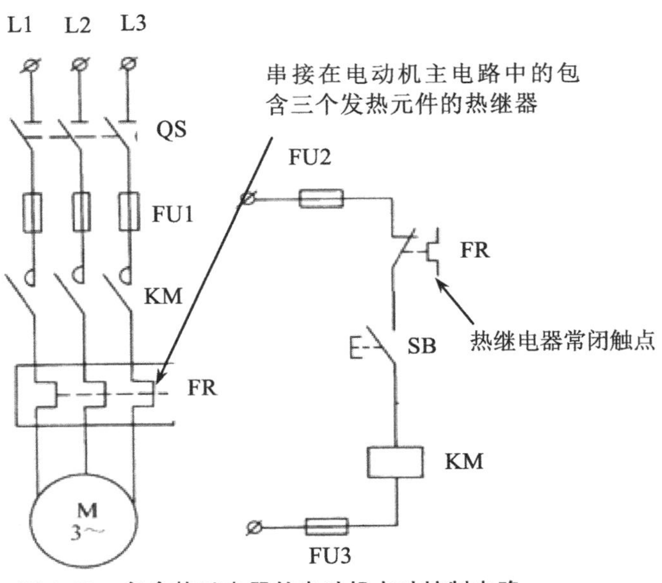

图 4.29 包含热继电器的电动机点动控制电路

4. 其他类型的继电器

（1）中间继电器(又称接触器式继电器)

中间继电器的输入信号为线圈的通电或断电信号，输出信号为触点动作。当其他电器触点数或容量不够时可借助中间继电器进行中间转换，以控制多个元件或回路。

中间继电器的结构(由线圈、静铁芯衔铁、触点系统、反作用弹簧和复位弹簧等组成)与工作原理和接触器基本相同，外形与接触器相似，其外形和内部拆解实物分别如图4.30的左图和右图所示。

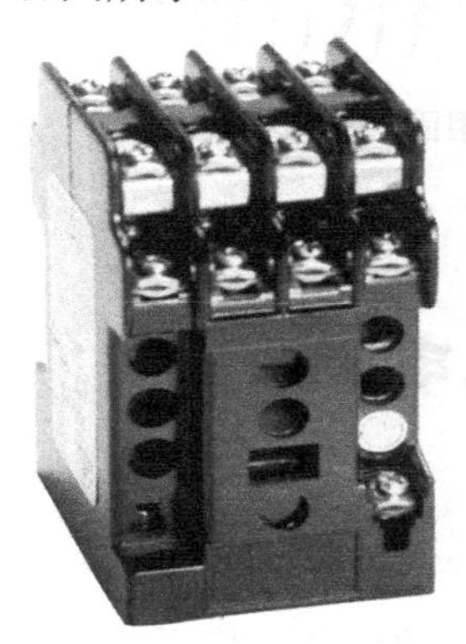
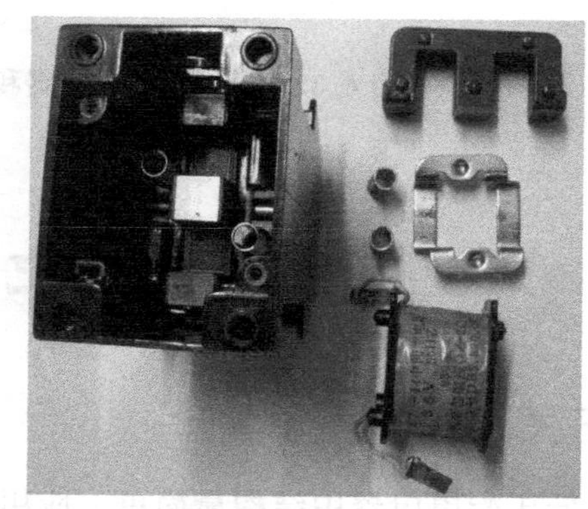

图 4. 30　中间继电器外形和内部拆解实物

（2）时间继电器

时间继电器是一种将定时信号变换为开关信号的继电器，在感受到外界信号后，其执行部分需要延迟一定时间才动作，它能按设定时间开闭控制电路。时间继电器分空气阻尼式、电动式、电磁式和晶体管式等多种。机床控制线路中应用较多的是空气阻尼式时间继电器。空气阻尼式时间继电器和晶体管式时间继电器分别如图4.31的左图和右图所示。

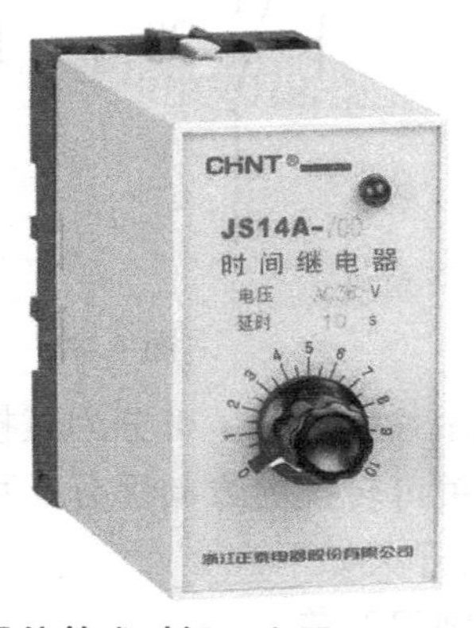

图 4. 31　空气阻尼式时间继电器和晶体管式时间继电器

（3）固态继电器

固态继电器由集成电路、晶体管、光电耦合器、可控硅等电子元件组成，它是一种新型的无触点开关电器，可取代电磁式继电器驱动电磁阀、电动机等。单相固态继电器和三相固态继电器分别如图4.32的左图和右图所示。

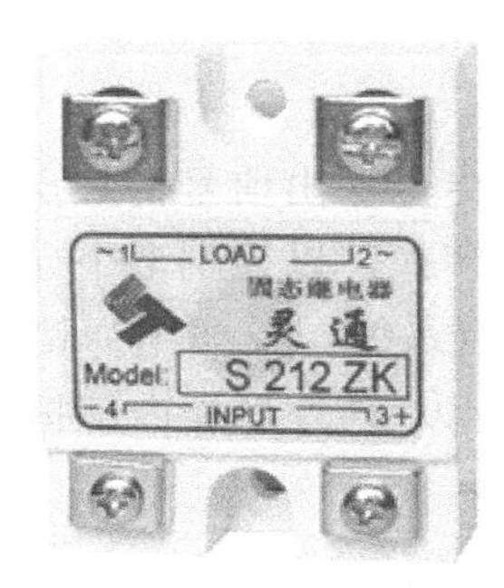

图 4.32 单相固态继电器和三相固态继电器

4.3 低压配电电器

一、刀开关

刀开关是低压配电电器中结构最简单、应用最广的电器。广泛应用于不频繁启动的照明电路、小容量(5.5kW 及以下)动力电路的控制电路中。通常在电路中起通断、隔离作用。刀开关的分类如下。

① 按极数区分，可分为单极(用在某一相上)、双极(用在两相上)、三极(用在三相上)。刀开关的图形符号及文字符号如图 4.33 所示。

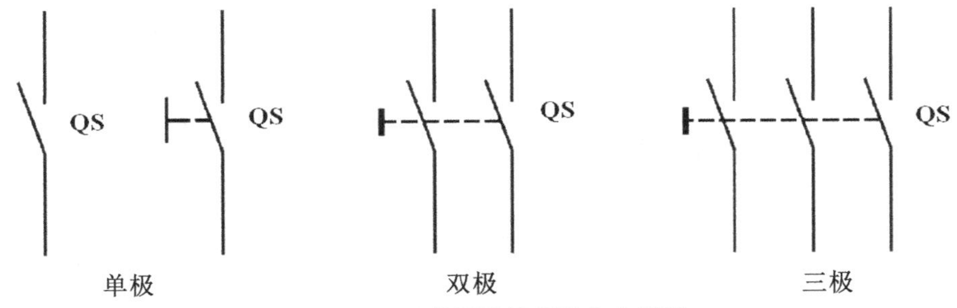

图 4.33 刀开关图形符号及文字符号

② 按操作方式区分，可分为直接手柄操作式、杠杆操作机构式和电动操作机构式。

③ 按开关可转换的方向区分，可分为单投式和双投式。

常用的刀开关如下。

1. 胶盖闸刀开关

胶盖闸刀开关(又称开启式负荷开关)由瓷底板、静触点、动触点、瓷柄、熔断丝的接头和胶盖等组成，这种刀开关结构简单，价格低廉，常用作照明电路的电源开关，也可用来控制 5.5kW 以下异步电动机的启动与停止。胶盖闸刀开关没有专门的灭弧装置，故不宜频繁地用于通断电路。二极胶盖闸刀开关外形和三极胶盖闸刀开关结构分别如图 4.34 的左图和右图所示。

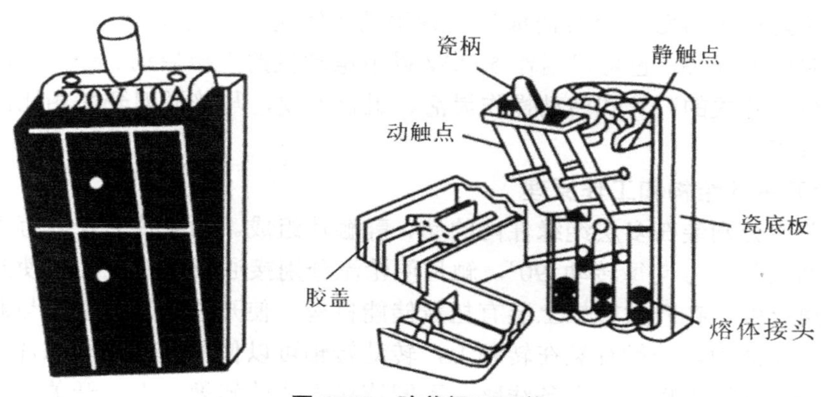

图 4.34　胶盖闸刀开关

胶盖闸刀开关的选用与安装：安装时，瓷手柄要朝上，不能倒装或平装。倒装时瓷柄有可能因自重下滑而引起误合闸，造成事故。接线时，将电源线接在熔体上端，负载线接在熔体下端，拉闸后刀开关与电源隔离，便于更换熔体。

2. 铁壳开关

铁壳开关(又称为封闭式负荷开关)由手柄、转轴、速动弹簧、熔断器、夹座、闸刀、外壳前盖组成。铁壳开关常用在农村和工矿的电力照明、电力排灌等配电电路中，与闸刀开关一样，铁壳开关也不能频繁用于通断控制。铁壳开关的操作机构采用储能合闸方式，在其内部装有速动弹簧，能使开关迅速通断电路，通断速度与操作手柄的速度无关，有利于迅速断开电路，熄灭电弧。铁壳开关中装有机械连锁，盖子打开时，手柄不能合闸，当手柄处于闭合位置时，盖子不能打开，以保证操作安全。铁壳开关外形和结构分别如图 4.35 的左图和右图所示。

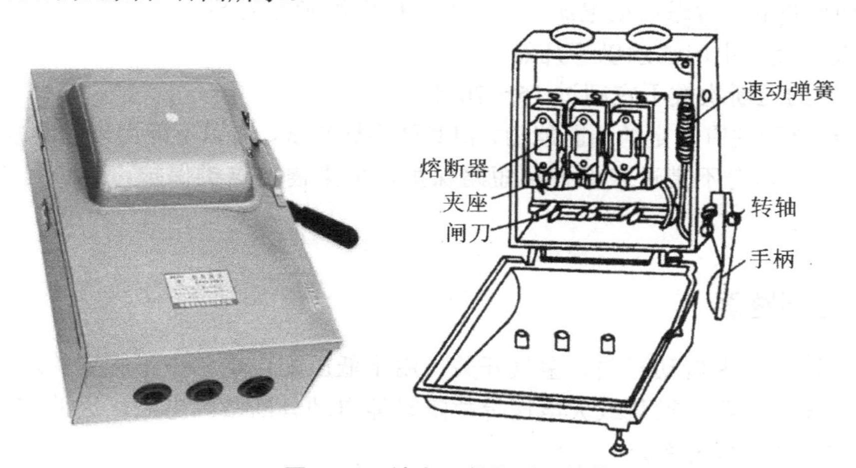

图 4.35　铁壳开关外形及结构

二、组合开关

组合开关(又称为转换开关)实质上是一种特殊的刀开关，只不过一般刀开关的操作手柄是在垂直于安装面的平面内向上或向下转动，而组合开关的操作手柄则是在平行于安装面的平面内转动而已。

组合开关是由多节触点组合而成的一种手动控制电器，有单极、双极和三极之分，可以用作电源引入开关，也可以用作 5.5kW 以下电动机的直接启动、停止、反转和调速控制开关。组合开关的刀片式转动操作灵活、组合方便，与普通刀开关相比，抗振性能好，常用在机床上。

1. 组合开关的结构和工作原理

组合开关由分别装在多层绝缘件内的动、静触片组成。动触片装在附有手柄的绝缘方轴上，手柄沿任一方向每转动 90°，触片便轮流分别接通或分断。为了使开关在切断电路时能迅速灭弧，在开关转轴上装有扭簧储能机构，使开关能快速接通与断开，从而提高开关的通断能力。动触片装在转轴上，转动转轴可以使各层内的动触片与静触片分别接通与断开。从而可以实现多条线路、不同连接方式的转换。组合开关外形和符号分别如图 4.36 的左图和右图所示。

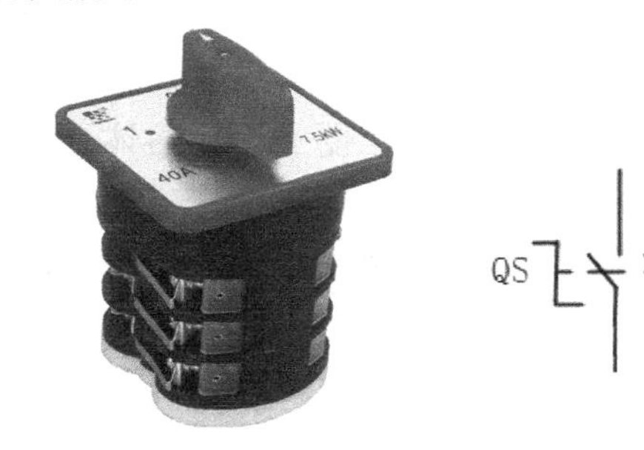

图 4.36 组合开关外形和符号

2. 组合开关的选择和使用

选择组合开关时，应保证其额定电流等于或大于所通断电路各个负载额定电流的总和，对于电动机负载，考虑启动电流，应把电动机电流确定为其正常电流的 1.5～2.5 倍。

组合开关在使用中应注意以下几点。

① 每小时的通断次数不宜超过 15～20 次。

② 虽然组合开关有一定的通断能力，但其能力比较低，所以不能用来分断故障电流。

③ 组合开关本身不带过载保护和短路保护，如果需要这类保护，应该另设其他保护电器。

三、低压断路器

低压断路器又称为自动开关、空气开关，用于低压配电电路中不频繁的通断控制和保护。在电路发生短路、过载或欠电压等故障时能自动分断故障电路，因此它是一种起控制兼保护作用的电器开关。

低压断路器是低压配电系统和电力拖动系统中非常重要的电器，具有操作安全、使用方便、工作可靠、安装简单、分断能力高等优点。

1. 低压断路器分类

按用途和结构不同区分，低压断路器主要分为装置式、万能式、直流快速式和限流式几类。常用的是装置式和万能式两种。

装置式自动开关又称为塑壳式自动开关，外形如图4.37和图4.38所示。

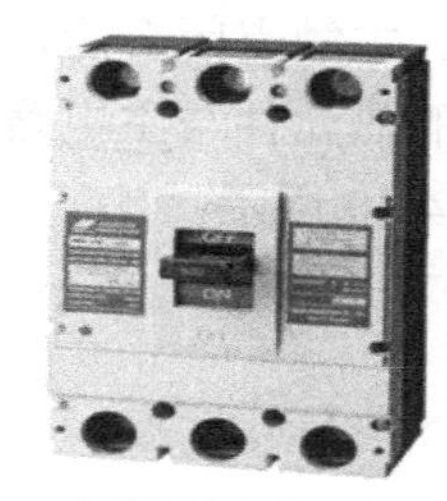
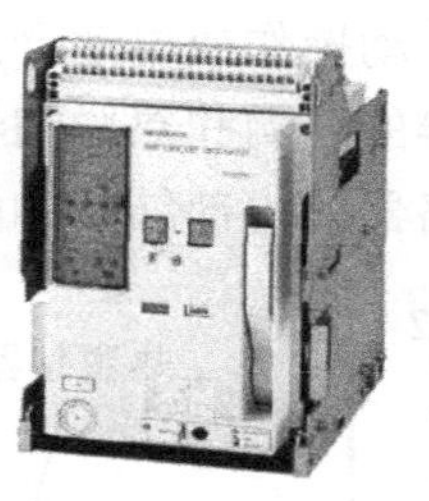

图4.37 装置式自动开关的外形图1

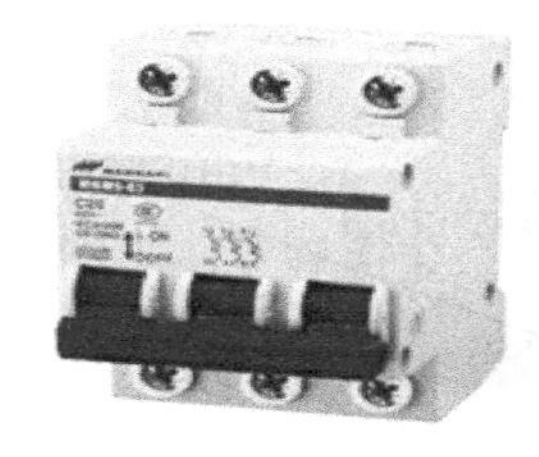

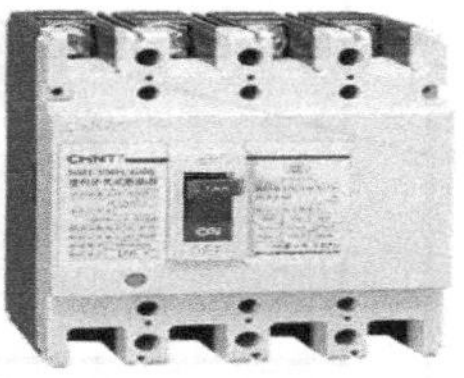

图4.38 装置式自动开关的外形图2

对装置式自动开关，可通过手动或者电动的方式进行分合闸操作，这种开关主要用于控制和保护电动机及照明系统，它采用封闭式结构，除按钮和手柄外，其余部件都安装在塑料外壳内。这种断路器的电流容量较小，分断能力较弱，但分断速度快。

2. 低压断路器图形及文字符号

低压断路器的图形、文字符号及在电动机主电路中的标识分别如图4.39的左图和右图所示。

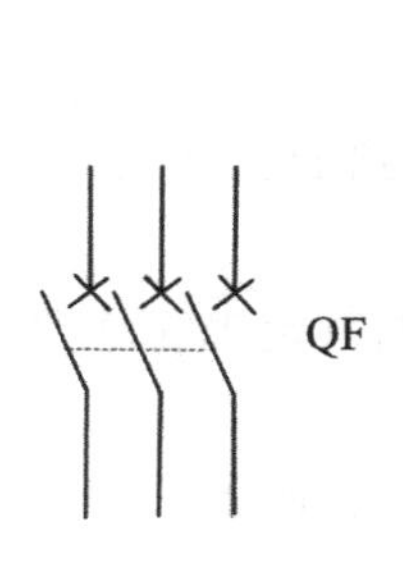

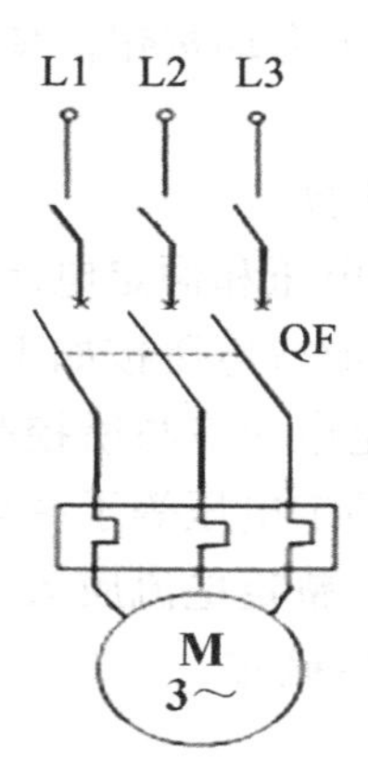

图4.39 低压断路器图形、文字符号及在电动机主电路中的标识

3. 低压断路器的结构

低压断路器由触点系统、灭弧装置、脱扣机构(包含脱扣器)组成。

触点系统用于接通和分断主电路，为了加强灭弧能力，在主触点处装有灭弧装置。脱扣器是断路器的感测元件，当电路出现故障时，脱扣器收到信号后，经脱扣机构动作，使触点分断。脱扣机构是断路器的机械传动部件，当脱扣机构动作后断路器分断电路。

4. 低压断路器的工作原理

低压断路器的主触点靠手动操作或电动合闸。主触点闭合后，脱扣机构将主触点锁在合闸位置上。过电流脱扣器的线圈和热脱扣器的热元件与主电路串联，欠电压脱扣器的线圈和电源并联。低压断路器的内部结构如图 4.40 所示。

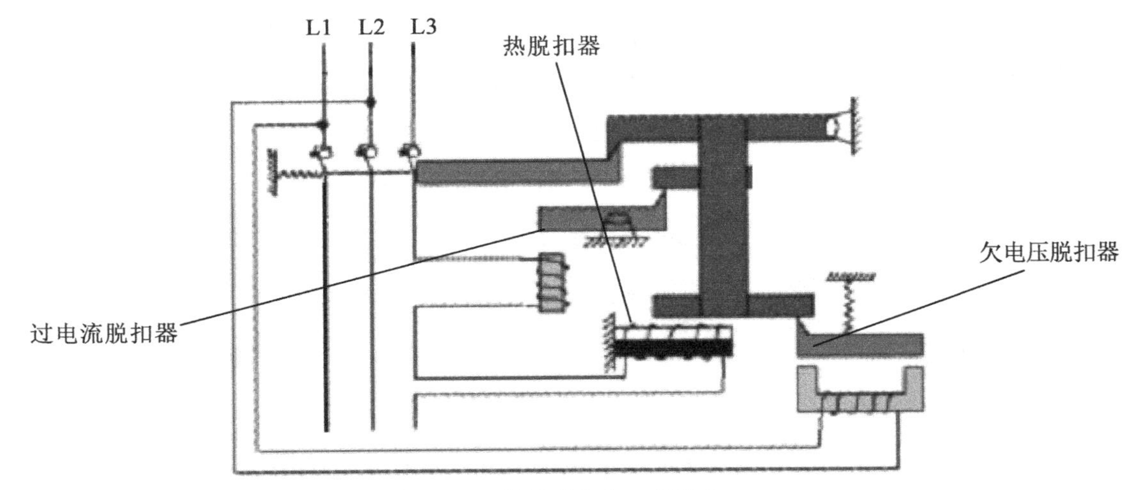

图 4.40 低压断路器内部结构

当电路发生短路或严重过载时，过电流脱扣器的衔铁吸合，使脱扣机构动作，主触点断开主电路。当电路一般过载时，热脱扣器的热元件发热使双金属片上弯曲，推动脱扣机构动作。当电路欠电压时，欠电压脱扣器的衔铁释放，也使脱扣机构动作。

还有一种作为远距离控制使用的分励脱扣器，在正常工作时，其线圈是断电的，在需要远距离控制时，按下启动按钮，使线圈通电，衔铁带动脱扣机构动作，使主触点断开。

5. 低压断路器的选择

低压断路器的额定电压和额定电流应不小于电路的正常工作电压和工作电流。

各脱扣器的整定电流或电压按如下的叙述确定。

① 热脱扣器的整定电流应与所控制的电动机的额定电流或负载额定电流相等。

② 欠压脱扣器的额定电压等于主电路额定电压。

③ 过电流脱扣器的整定电流应大于负载正常工作时的尖峰电流，对于电动机负载，通常按启动电流的 1.7 倍确定。

四、熔断器

熔断器是对电路、用电设备短路和过载进行保护的电器，使用时一般串联在电路中。当线路正常工作时，熔断器如一根导线，起通路作用；当发生短路或过载时，通过熔断器中熔体的电流使熔体发热，当达到熔化温度时，熔体自行熔断，从而分断故障电路。熔体的保护作用是一次性的，一旦熔断即失去作用，应在排除故障后更换新的相同规格的熔体。熔断器外形及熔体分别如图 4.41 的左图和右图所示。

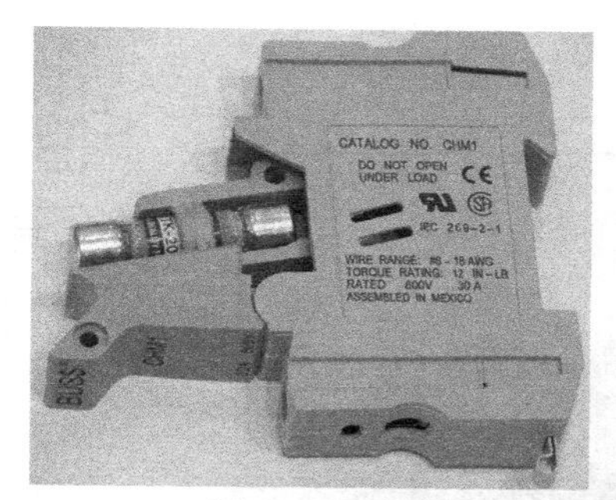

图 4.41 熔断器外形及熔体

1. 熔断器的分类

① 瓷插式(插入式)熔断器：这类熔断器常用于 380V 及以下电压等级的电路中，对配电支线或电气设备起短路保护作用，瓷插式熔断器外形及内部结构分别如图 4.42 的左图和右图所示。

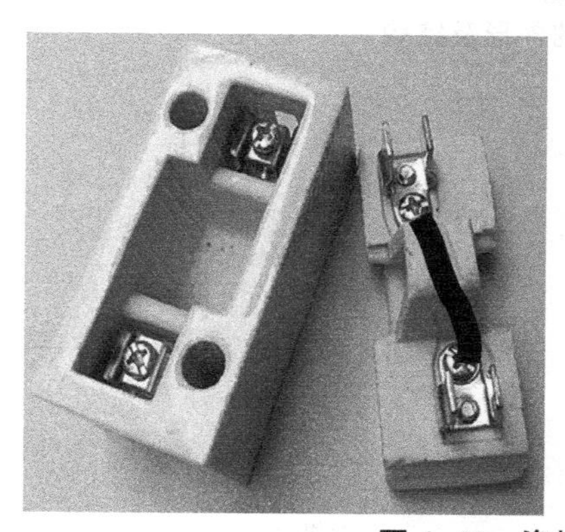
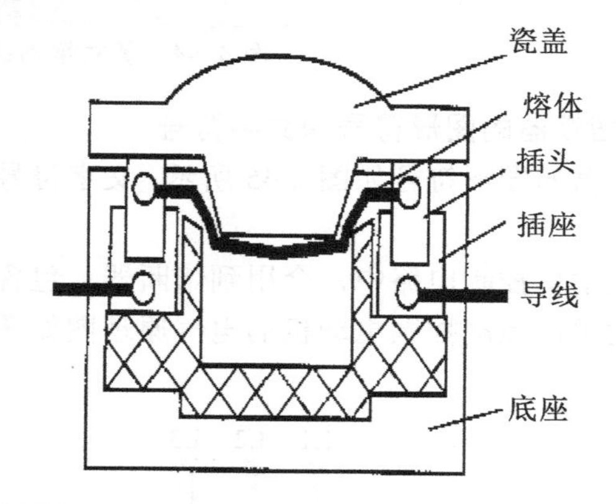

图 4.42 瓷插式熔断器外形及内部结构

② 螺旋式熔断器：这类熔断器常用于机床电气控制设备中，螺旋式熔断器分断电流能力较大，可用于电压等级 500V 及其以下、电流等级 200A 及其以下的电路中，用作短路保护。螺旋式熔断器外形和熔体分别如图 4.43 的左图和右图所示。

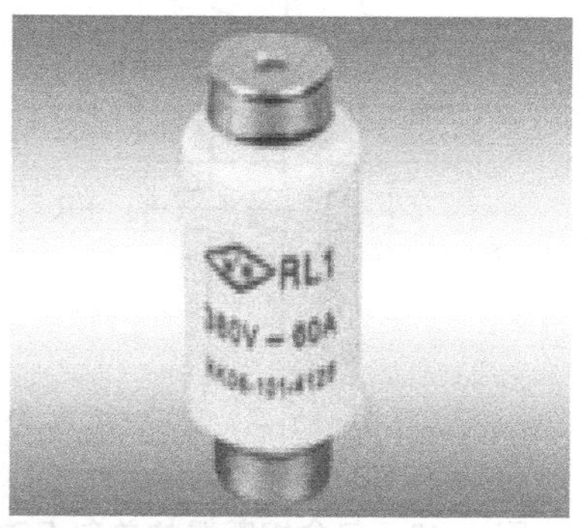

图 4.43 螺旋式熔断器外形和熔体

③ 管式熔断器：这类熔断器将熔体装在密闭式圆筒中，用于电压等级 500V 及其以下、电流等级 600A 及其以下的电力网或配电设备中。管式熔断器的外形和结构分别如图 4.44 的左图和右图所示。

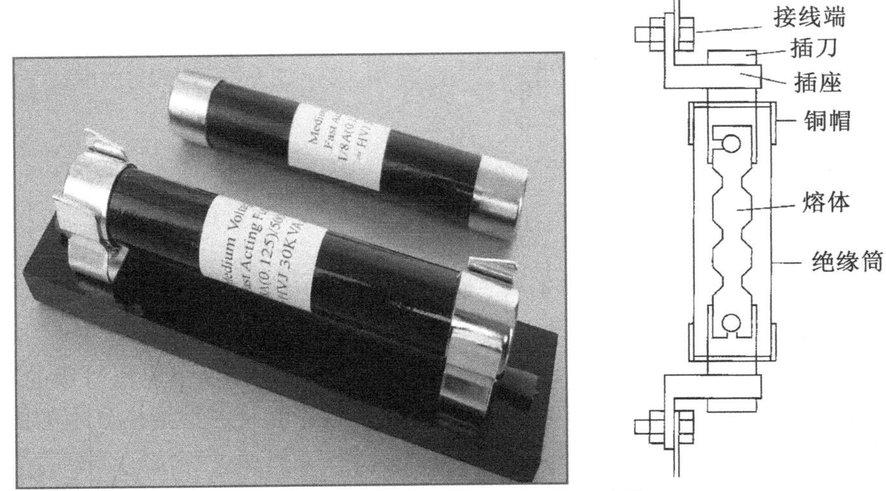

图 4.44　管式熔断器的外形及结构

2. 熔断器的图形符号和文字符号

熔断器的图形符号如图 4.45 所示，文字符号为 FU。

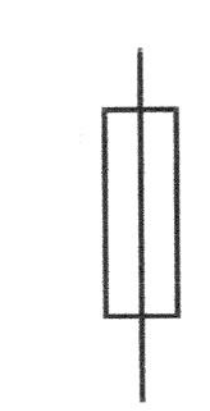

图 4.45　熔断器图形符号

在电动机控制电路中，会用到熔断器，包含熔断器的单向点动控制电动机的电气原理图如图 4.46 所示。

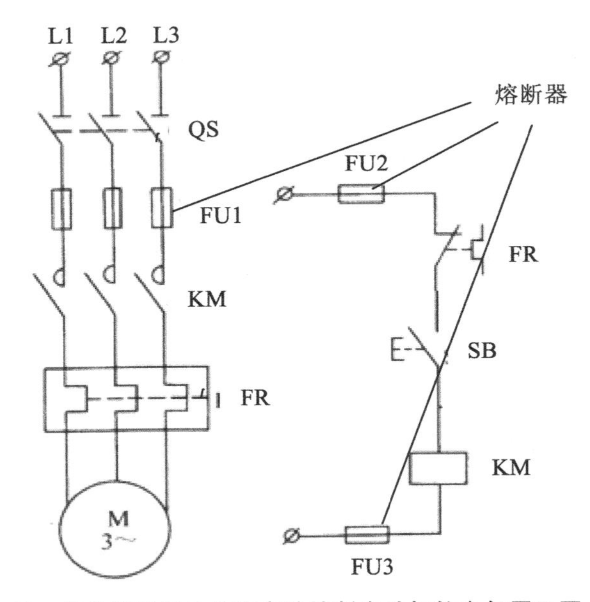

图 4.46　包含熔断器的单向点动控制电动机的电气原理图

3. 熔断器的结构

熔断器主要由熔体、安装熔体的熔管（或盖、座）、触点和绝缘底板等组成。熔体（熔断体）是当电流大于规定值并超过规定时间后熔化的熔断体部件，它是熔断器的核心，它既是感测元件又是执行元件，一般用金属材料制成，熔体材料具有熔点较低、特性稳定、易于熔断等特点；熔管是熔断器的外壳，主要作用是便于安装熔体且当熔体熔断时有利于熄灭电弧。

4. 熔断器的安装与使用

① 熔断器应完好无损，并标有额定电压、额定电流值。

② 安装熔断器时应保证熔体与夹头、夹头与夹座接触良好。瓷插式熔断器应垂直安装。对螺旋式熔断器接线时，电源线应接在下接线座上，负载线应接在上接线座上，以保证能安全地更换熔管。

③ 熔断器内要安装合格的熔体，不能用小规格的熔体并联代替一根大规格的熔体。在多级保护的场合，各级熔体应相互配合，上级熔断器的额定电流等级以高于下级熔断器的额定电流等级两级为宜。

④ 更换熔体时必须关闭电源，不允许带负荷操作，以免发生电弧灼伤。管式熔断器的熔体应用专用的绝缘插拔器更换。

⑤ 对 RM10 系列熔断器，在切断过三次相当于分断力的电流后，必须更换熔管，以保证能可靠地切断所规定分断能力的电流。

⑥ 熔体熔断后，应分析原因并排除故障，再更换新的熔体。在更换新的熔体时不能轻易改变熔体的规格，更不能使用铜丝或铁丝代替熔体。

⑦ 熔断器兼做隔离器件使用时，应安装在控制开关的电源进线端；若仅作短路保护用，应装在控制开关的出线端。

5. 熔断器的应用

① 熔断器在三相异步电动机正反转控制线路中的应用如图 4.47 所示。

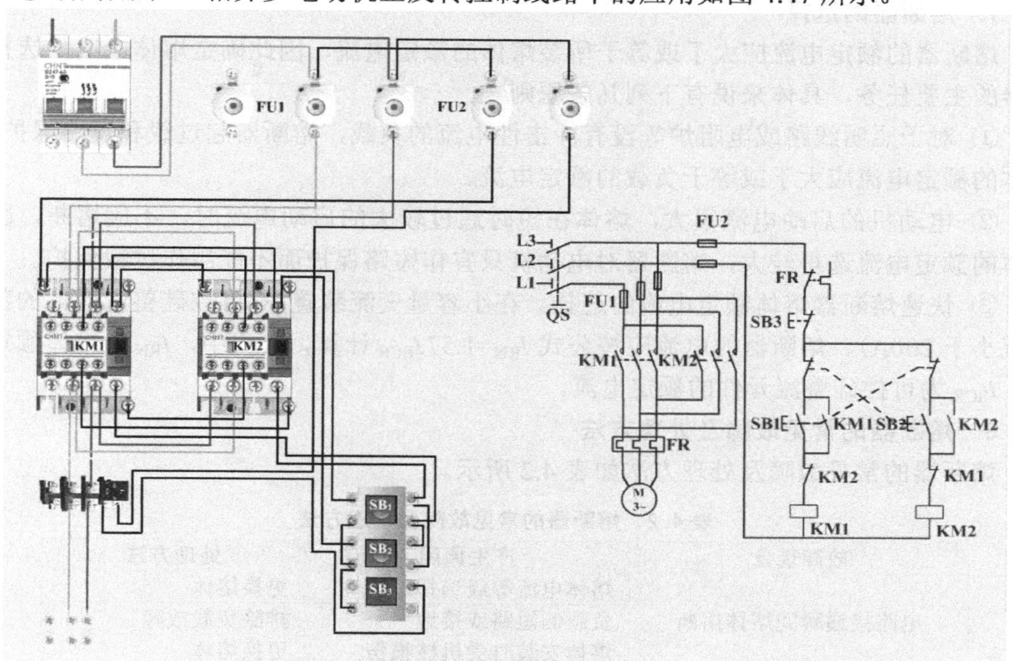

图 4.47　含有熔断器的三相异步电动机正反转控制线路

② 在配电箱中的熔断器的安装位置分别如图 4.48 的左图和右图所示。

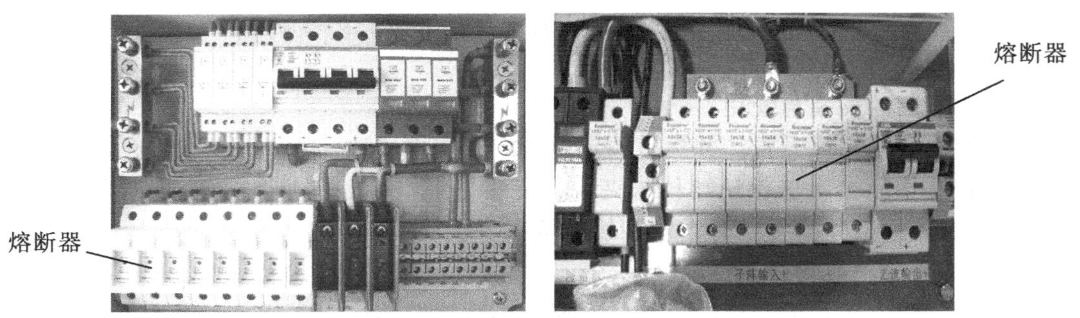

图 4.48 在配电箱中的熔断器的安装位置

6. 熔断器的主要参数

熔断器的主要技术参数包括额定电压、熔体额定电流、熔断器额定电流、极限分断能力等。

① 额定电压：熔断器长时间工作所能承受的电压。如果熔断器实际工作电压大于其额定电压，熔体熔断时可能发生电弧不熄灭的危险。

② 熔体额定电流：长期通过熔体而不会熔断它的电流。

③ 熔断器额定电流：保证熔断器能长期正常工作的电流，它由熔断器各部分长期工作时所允许的升温决定。

④ 极限分断能力：指熔断器在额定电压下所能分断的最大短路电流。在电路中出现的最大电流值一般指短路电流值，所以，极限分断能力也反映了熔断器分断短路电流的能力。

7. 熔断器的选择

熔断器的额定电流应大于或等于所装熔体的额定电流，因此确定熔体电流是选择熔断器的主要任务，具体来说有下列几条原则。

① 对于照明线路或电阻炉等没有冲击性电流的负载，熔断器起过载和短路保护用，熔体的额定电流应大于或等于负载的额定电流。

② 电动机的启动电流很大，熔体在短时通过较大的启动电流时，不应熔断，因此熔体的额定电流选得较大，熔断器对电动机只宜作短路保护而不能用作过载保护。

③ 快速熔断器熔体额定电流的选择。在小容量变流装置中(可控硅整流元件的额定电流小于 200A)，熔断器的电流应按公式 $I_{RN}=1.57I_{SCR}$ 计算，公式中，I_{RN} 为熔体额定电流，I_{SCR} 为可控硅整流元件的额定电流。

8. 熔断器的常见故障及处理方法

熔断器的常见故障及处理方法如表 4.2 所示。

表 4.2 熔断器的常见故障及处理方法

故障现象	产生原因	处理方法
电路接通瞬间熔体熔断	熔体电流等级选择过小	更换熔体
	负载侧短路或接地	排除负载故障
	熔体安装时受机械损伤	更换熔体
熔体未熔断但电路不通	熔体或接线座接触不良	重新连接

4.4 低压带电作业安全技术要求

低压是指电压在 220V 及其以下的电压。低压带电作业是指在不停电的低压设备或低压线路上工作。对于一些可以不停电的工作、不会触及带电部分的工作，或作业人员使用绝缘辅助安全用具直接接触带电体及在带电设备外壳上的工作，均可进行低压带电作业。为防止低压带电作业对人身的触电伤害，作业人员应严格遵守有关规定和注意事项。

一、低压设备带电作业安全规定

① 在带电的低压设备上工作时，应使用带绝缘柄的工具，工作时应站在干燥的绝缘垫、绝缘站台或其他绝缘物上进行，严禁使用锉刀、金属尺和带有金属物的毛刷、毛掸等工具。

② 在带电的低压设备上工作时，作业人员应穿长袖工作服，戴手套和安全帽。

③ 在带电的低压盘上工作时，应采取防止相间短路和单相接地短路的绝缘隔离措施。在作业前，将相与相间或相与地(盘构架)间用绝缘板隔离，以免作业过程中引起短路事故。

④ 严禁在雷、雨、雪天气及六级以上大风天气进行户外带电作业，也不应在雷电天气进行室内带电作业。

⑤ 在潮湿和潮气过大的室内禁止带电作业；工作位置过于狭窄时，禁止带电作业。

⑥ 进行低压设备带电作业时，必须有专人始终在工作现场监护，随时纠正不正确的动作。

二、低压线路带电作业安全规定

380V 三相四线制的线路由三根相线和一根中性线组成，通常把相线称为火线，把中性线称为零线，在三相四线制的线路上带电作业时，应遵守下列规定。

① 上杆(电杆)前应先分清火、零线，选好工作位置。初步确定火、零线后，可在登杆后用验电器或低压试电笔进行测试，必要时可用电压表进行测量。

② 断开低压线路导线时，应先断开火线，后断开零线。搭接导线时，顺序应相反。三相四线制低压线路在正常情况下接有动力、照明及家电负荷，当带电断开低压线路时，如果先断开零线，则因各相负荷不平衡，可能使该电源系统的零线出现较大偏移电压，造成零线带电，断开时会产生电弧，因此应先断开火线，后断开零线。接通低压线路导线时，应先接通零线，后接通火线。

③ 人体不得同时接触两根线头。

④ 如果高、低压同杆架设，在低压带电线路上工作时，应先检查与高压线路的距离，采取防止误碰带电高压线或高压设备的措施。

⑤ 严禁在雷、雨、雪天气及六级以上大风天气进行户外低压线路带电作业。

⑥ 在低压线路上带电作业，必须设专人监护，必要时设杆上专人监护。

三、低压带电作业注意事项

① 带电作业人员必须经过培训并考试合格，工作时不少于 2 人。

② 严禁穿背心、短裤、拖鞋进行带电作业。

③ 带电作业使用的工具应合格，绝缘工具应检验合格。

④ 低压带电作业时，人体对地必须保持可靠的绝缘。

⑤ 只能在作业人员的一侧有物体带电，若其他侧还有带电物体而又无法采取安全措施时，则必须将其他侧电源切断。

⑥ 带电作业时，若已接触某一相火线，要特别注意不要再接触其他相火线或零线（或接地的线）。

⑦ 带电作业时间不宜过长。

附注：零线是由发电机或变压器二次侧中性点引出的导线，与火线构成回路，对用电设备供电，主要应用于工作回路。

地线不用于工作回路，只作为保护线。利用大地的绝对 0 电压，当设备外壳发生漏电，即使发生零线有开路的情况，设备外壳所带的电也会从附近的地线流入大地。

很多情况下，零线直接接地，这种情况下，也把零线称为地线。

习　题

一、单选题

1. 正确选用电器应遵循的两个基本原则是安全原则和(　　)原则。

A. 经济　　B. 性能　　C. 功能

2. 热继电器的保护特性与电动机过载特性贴近，是为了充分发挥电动机的(　　)能力。

A. 过载　　B. 控制　　C. 节流

3. 低压熔断器广泛应用于低压供配电系统和控制系统中，主要起(　　)保护作用，有时也可用于过载保护。

A. 短路　　B. 速断　　C. 过流

4. 低压断路器也称为(　　)。

A. 闸刀　　B. 总开关　　C. 自动空气开关

5. 低压带电作业时，(　　)。

A. 既要戴绝缘手套，又要有专人监护

B. 要戴绝缘手套，不要有人监护

C. 有人监护，不必戴绝缘手套

6. 低压电器按动作方式区分，可分为自动切换电器和(　　)电器。

A. 非自动切换　　B. 非电动　　C. 非机械

7. 行程开关的组成包括（ ）。

A. 保护部分　　B. 线圈部分　　C. 反力系统

8. 下述各项中，属于配电电器的有（ ）。

A. 接触器　　B. 熔断器　　C. 电阻器

9. 低压电器可分为低压配电电器和（ ）电器。

A. 电压控制　　B. 低压控制　　C. 低压电动

10. 主令电器包括（ ）。

A. 接触器　　B. 行程开关　　C. 热继电器

11. 利用交流接触器作欠压保护的原理是：当电压不足时，线圈产生的（ ）不足，导致触点分断。

A. 涡流　　B. 磁力　　C. 热量

二、判断题

1. 系统正常工作时，熔断器相当于一根导线，起接通电路的作用。（ ）

2. 接触器是一种自动控制电器，能自动接通或断开带有负载的主电路。（ ）

3. 安装刀开关时，手柄要朝上，不能倒装或平装。（ ）

4. 热继电器的热元件应串联在主电路中，其动断触点应串联在控制电路中。（ ）

5. 交流接触器的动作动力来源于交流电磁铁。（ ）

6. 检测复合型按钮开关，在未按下按钮时，测量常闭触点的两个接线端子之间的电阻，正常电阻值应接近无穷大。（ ）

7. 铁壳开关又称为封闭式负荷开关，为保证操作安全设置了连锁装置：开关在合闸状态时，箱盖外壳门不能打开；在箱盖打开时，开关无法接通。（ ）

8. 利用热继电器的保护特性保护电动机时，应尽可能与电动机过载特性贴近。（ ）

9. 热继电器是利用双金属片受热弯曲而推动触点动作的一种保护电器，它主要用于线路的速断保护。（ ）

10. 接触器主触点的额定电压应小于所控制线路的额定电压。（ ）

11. 检测复合式按钮，将按钮按下不放时，测量常开触点两个接线端子间的电阻，正常电阻值应接近 0Ω。（ ）

12. 按下断路器上的开关，使它处于断开状态，这时将万用表的红、黑表笔分别接断路器每组对应的两个接线端，正常电阻值应为 0Ω。（ ）

13. 安装铁壳开关，必须让外壳可靠接地。（ ）

第5章

异步电动机

电机是一种能实现电能和机械能相互转换的电气装置，是与电能的生产、传输、分配、使用有密切关系的电磁机械。

将机械能转换为电能的电机称为发电机；将电能转换为另一种形式电能的电机，包括变压器、变频器、移相器等；在电气机械系统中起调节、放大和控制作用的电机称为控制电机；拖动生产机械，将电能转换为机械能的电机称为电动机。

电动机的分类如下。

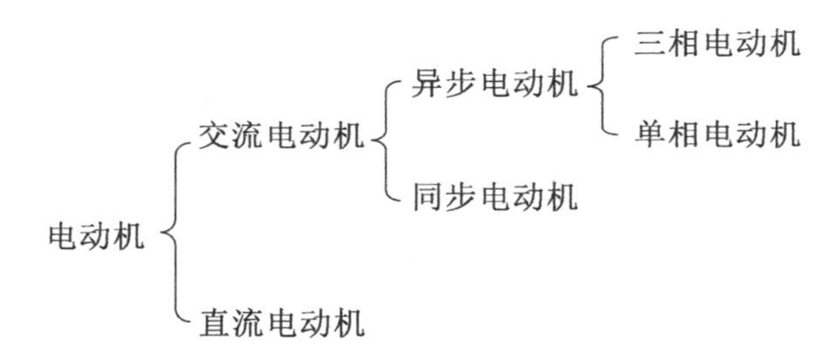

5.1 三相异步电动机的结构和工作原理

交流电动机按电动机定子相数分为三相异步电动机、两相异步电动机、单相异步电动机。按电动机的转子结构分为鼠笼型异步电动机和绕线型异步电动机。

三相异步电动机具有结构简单，制造成本低廉，使用和维修方便，运行可靠且效率高等优点，它被广泛应用于各种机床、水泵、通风机、锻压和铸造机械、传送带以及起重机中。三相鼠笼型异步电动机的外形和用它带动水泵的图例分别如图 5.1 的左图和右图所示。

图 5.1　三相鼠笼型异步电动机外形和用它带动水泵的图例

下面以三相异步电动机为例介绍异步电动机的结构和工作原理。

一、三相异步电动机的结构

三相异步电动机主要由定子和转子两大部分组成。此外，还有端盖、机座、轴承、风扇等部件，拆分开的三相鼠笼型异步电动机的主要部件如图 5.2 所示。

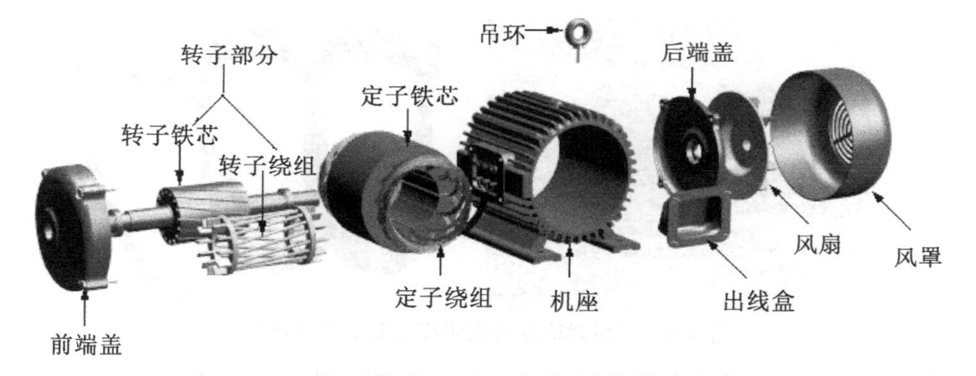

图 5.2　三相鼠笼型异步电动机主要部件拆分效果图

1. 定子

三相异步电动机的定子指其固定不动的部分，包括机座、定子铁芯、定子绕组等。机座如图 5.3 所示。

定子铁芯由 0.5mm 或 0.35mm 厚的硅钢片叠压制成，在它的内圆冲有均匀分布的槽。定子铁芯的作用：构成电动机磁路的一部分，在槽内用来嵌放定子绕组。定子铁芯硅钢片外形如图 5.4 所示。

图 5.3　机座

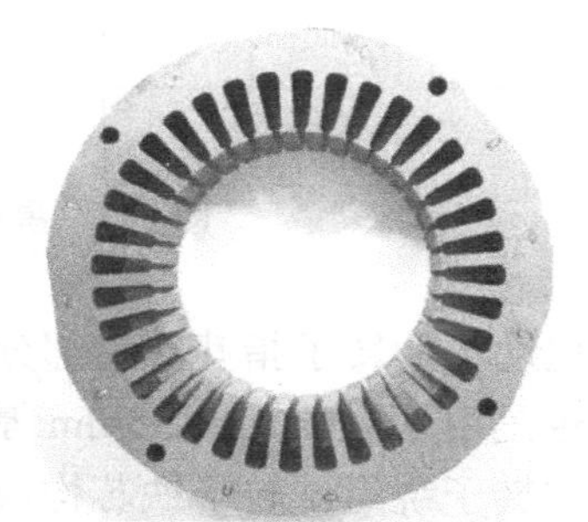

图 5.4　定子铁芯硅钢片外形

定子铁芯的外形和模型分别如图 5.5 的左图和右图所示。

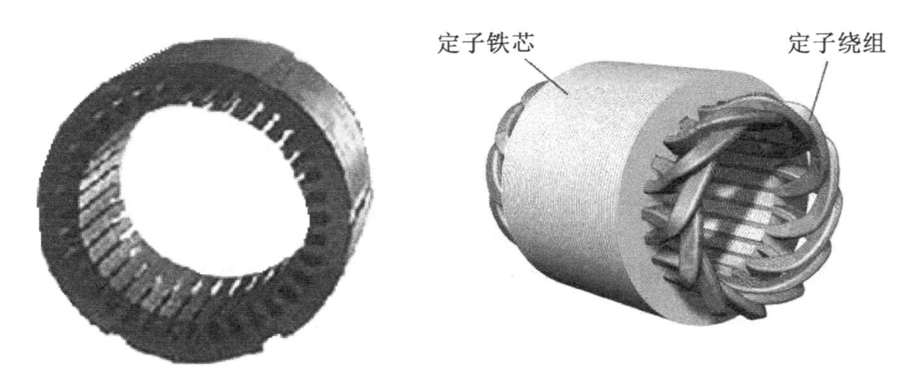

图 5.5 定子铁芯的外形和模型

定子绕组是三相对称的绕组，由彼此独立的绕组组成，每个绕组为一相，在空间相差 120°，通入三相交流电后，就会产生旋转磁场。三相对称交流绕组模型和定子绕组外形分别如图 5.6 的左图和右图所示。

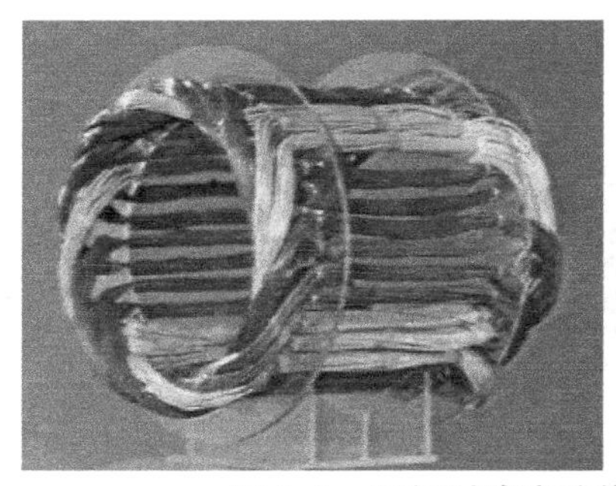

图 5.6 三相对称交流绕组模型和定子绕组外形

三相绕组的 6 个出线端都引到接线盒上，首端分别为 U1、V1、W1，末端分别为 W2、U2、V2。三相定子绕组的接法有：星形接法(末端相连，首端分别接三相电源)和三角形接法(首末端相连，分别接三相交流电源)分别如图 5.7 的左图和右图所示。

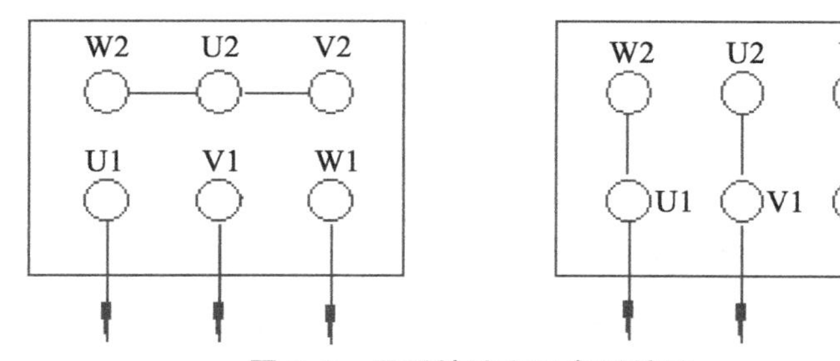

图 5.7 星形接法和三角形接法

2. 转子

三相异步电动机的转子指其转动部分，主要包括：转子铁芯、转子绕组、转轴组成。

转子铁芯也是由 0.5mm 或 0.35mm 厚的硅钢片叠压制成，在它的外圆冲有均匀分布的槽，用来嵌放转子绕组。转子铁芯构成电动机磁路的又一部分。转子铁芯外形和转子铁芯硅钢片外形分别如图 5.8 的左图和右图所示。

图 5.8 转子铁芯外形和转子铁芯硅钢片外形

转子绕组用来产生感应电流和电动势，在旋转磁场作用下产生电磁转矩。三相异步电动机的转子绕组分为鼠笼型和绕线型两种。

鼠笼型转子绕组像一个鼠笼形状，分为铸铝转子和铜条转子。中小型电动机，一般采用铸铝转子，将融化了的铝液直接浇注在转子铁芯的外槽内，并连同两端的短路环和风扇浇注在一起。铜条转子由安放在转子铁芯外槽内的铜条和两端的短路环连接而成。铸铝转子模型和铜条转子模型分别如图 5.9 的左图和右图所示。

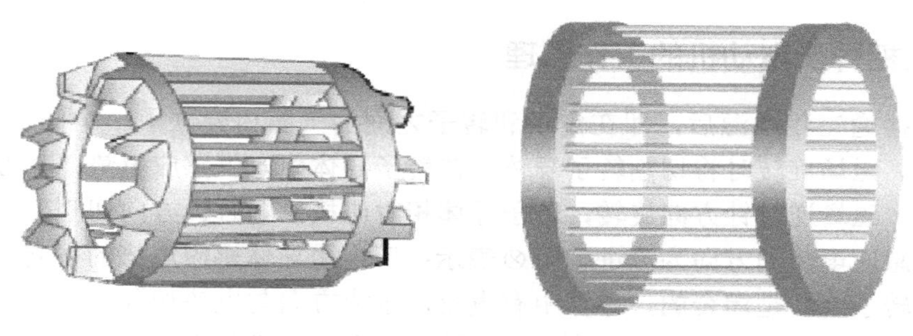

图 5.9 铸铝转子模型和铜条转子模型

绕线型转子的转子绕组与定子绕组相同，也是采用漆包线绕制成对称的三相绕组，嵌放到转子铁芯中。转子的三相绕组必须连接成星形，三个向外的引出端子与固定在转轴上的三个相互绝缘的铜滑环相接。绕线型转子与外加变阻器的连接如图 5.10 所示。

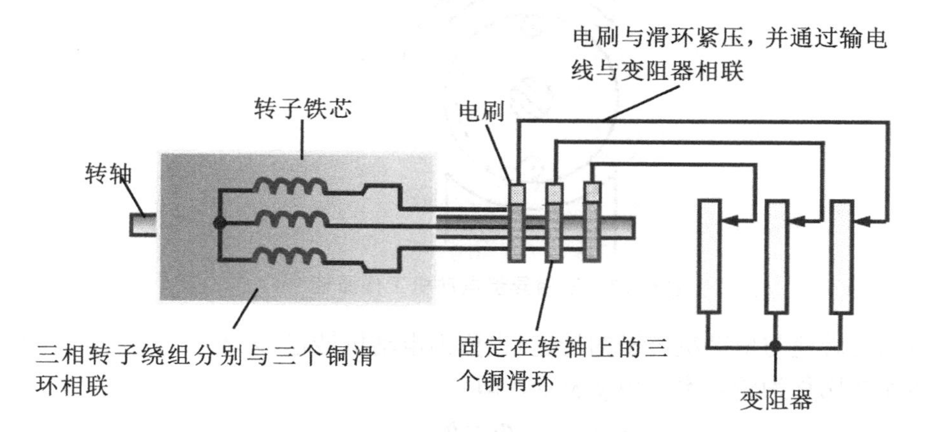

图 5.10 绕线转子与外加变阻器的连接

鼠笼型转子与绕线型转子异步电动机的比较：鼠笼型结构简单，价格低，工作可靠，不能人为地改变电动机的机械特性；绕线型结构复杂，价格较贵，维护工作量大，用转子外加电阻可人为地改变电动机的机械特性。

转轴一般用 45 号钢制成，用来传递电磁转矩。

转轴外形和绕线型转子结构分别如图 5.11 的左图和右图所示。

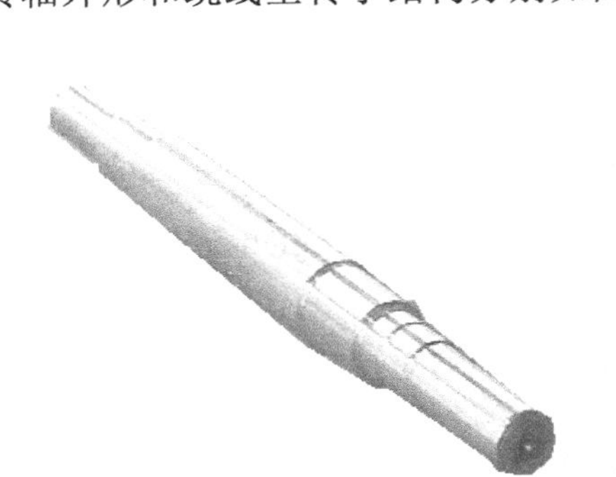

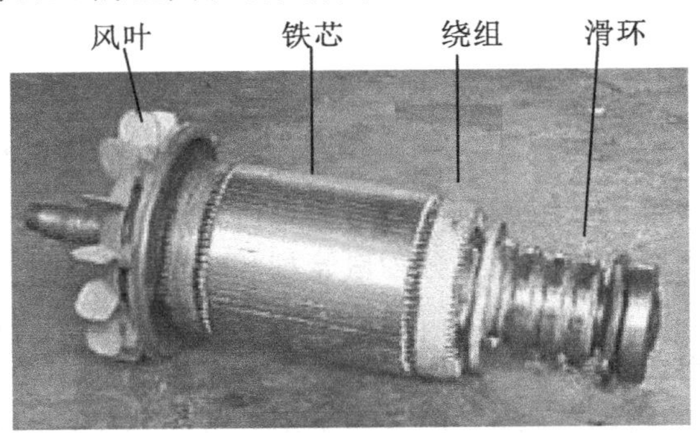

图 5.11　转轴外形和绕线型转子结构

二、三相异步电动机的工作原理

当定子接通三相电源后，即在定子和转子之间的气隙内建立了一个同步转速为 n_1 的旋转磁场。磁场旋转时将切割转子导体，在转子导体中产生感应电势，其方向可由右手定则确定。磁场逆时针方向旋转，转子导体相对磁极以顺时针方向切割磁力线。转子上半边导体感应电势的方向为流进，用⊗表示；下半边导体感应电势的方向为流出，用⊙表示。因转子绕组是闭合的，导体中有电流，电流方向与电势相同。载流导体在磁场中要受到电磁力，其方向由左手定则确定。这样，在转子导体上形成一个逆时针方向的电磁转矩，转子就跟着旋转磁场逆时针方向转动，工作原理如图 5.12 所示，图中 n_1 和 n 分别为旋转磁场的转速与电动机转子的转速。

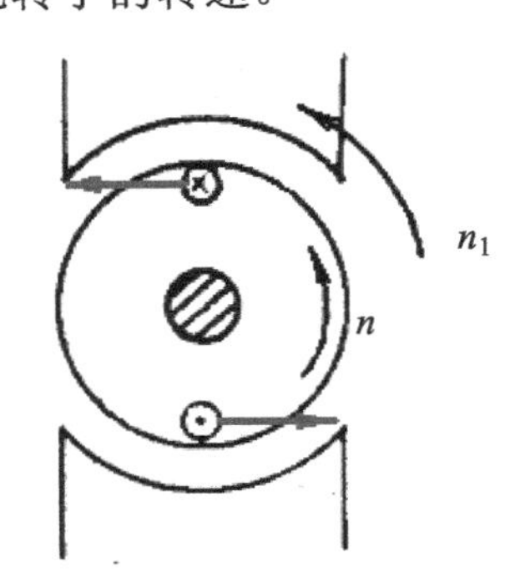

图 5.12　三相异步电动机工作原理

旋转磁场的转速与电动机转子的转速（也称为电动机转速）之差称为转差，转差与旋转磁场的转速之比称为转差率，用 s 表示，即

$$s=\frac{n_1-n}{n_1}$$

转差率是三相异步电动机的一个基本物理量，它反映电动机的各种运行情况。电动机在额定状态下运行时，转差率一般在 0.02～0.06 之间，即电动机转速接近同步转速。负载越大，则转速越低，转差率越大；反之，则转差率越小。转差率的大小能够反映电动机的转速大小或负载大小。电动机的转速为：

$$n=(1-s)n_1$$

三相异步电动机是通过载流的转子绕组在磁场中受力而使电动机转子旋转的，而转子绕组中的电流由电磁感应产生，并非外部输入，故异步电动机又称为感应电动机。

5.2 异步电动机的启动

把电动机定子绕组与电源接通，使转子由静止加速到一定转速稳定运行的过程称为三相异步电动机的启动。启动之初，n=0，s=1。

启动中的问题：启动电流大(启动电流为额定电流的若干倍)，启动转矩小。

原因分析：启动时，$n=0$，转子导体切割磁力线速度很大，

产生的后果：一是如果频繁启动，会造成热量积累，使电动机过热；二是大电流会使电网电压降低，影响其他邻近负载的正常工作。

针对这一问题，要采取措施减小启动电流。

常用的启动方法如下。

1. 直接启动

直接启动也称为全压启动，利用闸刀开关或交流接触器将额定电压直接加到定子绕组上使电动机启动。

优点：设备简单，操作方便，启动过程短。

缺点：启动电流大，是额定电流的 5～7 倍。

启动瞬间，异步电动机转子绕组以同步转速切割旋转磁场，产生的感应电动势很大，使得这一瞬间的电流高达电动机额定电流的 5～7 倍。启动电流太大可能大幅度增加线路上的电压降，不但可能导致启动失败，还可能导致其他设备停车，造成设备和线路损坏。

2. 降压启动

在启动时，适当降低定子绕组上的电压，待稳定运行后，再将电压恢复到额定值，达到降低启动电流的目的，这样做，启动转矩也同时减小很多。降压启动的方法如下。

① Y－△换接启动：正常工作时△(三角形接法)连接的电动机，启动时换成 Y(星形接法)连接。

② 自耦变压器降压启动：把三相自耦变压器接成 Y 连接，利用变压器将电源电压降低后加在定子绕组上。

3. 绕线型异步电动机的启动

绕线型异步电动机常采用转子绕组串电阻器或频敏变阻器的方式启动。启动时在转子电路中串入外接电阻，既能限制堵转(电动机轴固定不转的情况称为堵转)电流，又能取得较大的堵转转矩；然后逐级切除外接电阻，使电动机平稳加速；最后全部切除外接电阻，并将转子绕组短路，使电动机转入正常运行。

5.3 异步电动机的检查和维护

一、三相异步电动机常见问题的分析

1. 电动机启动困难，额定负载时，电动机转速低于额定转速

故障原因：

① 电源电压过低。

② 把三角形接法电动机误接为星形接法。

③ 鼠笼型转子开焊或断裂。

④ 定子或转子局部线圈接错、接反。

⑤ 修复电动机绕组时增加匝数过多。

⑥ 电动机过载。

2. 通电后电动机不转，有嗡嗡声或冒烟

故障原因：

① 定子或转子绕组有断路(一相断线)或电源一相失电。

② 绕组引出线始末端接错或绕组内部接反。

③ 电源回路连接点松动，接触电阻大。

④ 电动机负载过大或转子被卡住。

⑤ 电源电压过低。

⑥ 小型电动机装配太紧或轴承内油脂过硬。

⑦ 轴承被卡住。

3. 通电后电动机不转，然后熔体烧断

故障原因：

① 缺一相电源，或定子线圈一相接反。

② 定子绕组相间短路。

③ 定子绕组接地。

④ 定子绕组接线错误。

⑤ 熔体截面积过小。

⑥ 电源线短路或接地。

4. 通电后电动机不转动，但无异响，也无异味和冒烟

故障原因：

① 电源未通(至少两相未通)。

② 熔体熔断(至少两相熔断)。

③ 过流继电器调得过小。

④ 启动控制设备发生故障。

5. 电动机空载电流不平衡，三相相差大

故障原因：

① 重绕定子时，三相绕组匝数不相等。

② 绕组首尾端接错。

③ 电源电压不平衡。

④ 绕组存在匝间短路、线圈接反等故障。

6. 电动机空载或过负载时，电流表指针不稳、摆动

故障原因：

① 鼠笼型转子导条开焊或断条。

② 绕线型转子发生故障(一相断路)或电刷、集电环短路装置接触不良。

7. 运行中电动机振动较大

故障原因：

① 轴承磨损，间隙过大。

② 气隙不均匀。

③ 转子不平衡。

④ 转轴弯曲。

⑤ 铁芯变形或松动。

⑥ 风扇不平衡。

⑦ 机壳或基础强度不够。

⑧ 电动机地脚螺栓松动。

8. 轴承过热

故障原因：

① 润滑脂过多或过少。

② 润滑脂不好,含有杂质。

③ 轴承与轴颈或端盖配合不当(过松或过紧)。

④ 轴承内孔偏心，与轴发生摩擦。

⑤ 电动机端盖或轴承盖未装平。

⑥ 电动机与负载间联轴器未校正或皮带过紧。

⑦ 轴承间隙过大或过小。

⑧ 电动机轴弯曲。

二、三相异步电动机的维修方法

1. 绕组接地的修理

① 接地点在槽口的修理方法：将绕组通电加热，绝缘软化后拉出槽楔，用划线板划开接地处绝缘材料，插入大小和厚度适当的同一等级的绝缘材料后涂漆烘干，封槽。

② 接地点在槽内的修理方法：对双层绕组在槽内的，将线圈加热，待绝缘软化后拉出上层线圈，更换部分槽内绝缘层；对下层线圈槽内接地的，一般要将旧绕组拆除后全部重嵌。

2. 绕组短路的修理

绕组发生短路后在故障处产生高热会使绝缘层焦脆，可对绕组外在面细心观察，看有没有烧焦的地方和能否嗅到气味。

① 对槽外短路的，用划线板插入两线圈或线匝间，把短路点分开垫上绝缘材料。

② 对槽内短路的，将绝缘层加热，拉出槽楔，拉出短路线圈，换上槽绝缘，将线圈受伤部位用绝缘材料包好，嵌入槽内涂漆烘干。

3. 滚动轴承检修

机械故障中，轴承损坏占很大比例，拆卸清洗轴承后，首先观察轴承有无破裂、变色、麻点和锈蚀。旋转外钢圈，如果轴承有缺陷，则转动时会有杂音和振动，停转时像刹车一样突然，这种情况下需要更换轴承。检查磨损情况时，用左手卡住轴承外钢圈，右手拇指和食指捏住内钢圈，并用力向各个方向推动它，如感到很松，则轴承磨损严重，应更换。

三、三相异步电动机的检查

1. 拆卸前准备工作

① 准备好拆卸工具，特别是拉具、套筒等专用工具。

② 清理拆卸现场。

③ 熟悉待拆电动机结构及故障情况。

④ 做好标记。标出电源线在接线盒中的相序、联轴器或皮带轮在轴上的位置、机座在基础上的位置；整理并记录好机座垫片；拆卸端盖、轴承、轴承盖时，记录好哪些属负荷端，哪些属非负荷端。

⑤ 拆除电源线和保护接地线，测量并记录绕组对地绝缘电阻。

⑥ 从基础上拆下电动机，搬至修理拆卸现场。

2. 拆卸皮带轮的注意事项

用拆卸器拆卸皮带轮(或联轴器)时，应首先松开紧固螺栓或销子，并摆正拆卸器，将丝杆对准电动机轴的中心，慢慢拉出皮带轮。若拆卸困难，可用木锤或铜棒敲击皮带轮外圆和丝杆顶端，也可在支头螺栓孔注入松锈剂后再拆卸。如果仍然拉不出来，可对皮带轮外表加热，使其膨胀，将皮带轮拉出来。切忌硬拉或用铁锤敲打。加热时可用喷灯或气焊枪，但温度不能过高，时间不能过长，避免损坏皮带轮。

3. 端盖的拆卸

拆卸端盖前应先检查紧固件是否齐全，端盖是否有损伤，并在端盖与机座接合处做好对正记号，接着拧下前、后轴承盖螺钉，取下前、后轴承外盖，再卸下前、后端盖紧固螺钉。拆卸大、中型电动机时，可用端盖上的顶丝均匀用力，将端盖从机座止口中顶出。没有顶丝孔的端盖，可用撬棍或螺丝刀在周围接缝中均匀用力，将端盖撬出止口。

4. 轴承的拆卸

常用以下三种方法。

① 用拉具按拆卸皮带轮的方法进行拆卸。拆卸时，钩爪要抓牢轴承内圈，以免损

坏轴承。

② 在没有拉具的情况下，用端部呈楔形的铜棒，在倾斜方向顶住轴承内圈，用榔头敲打，边敲打铜棒，边让楔形端沿轴承内圈均匀移动，直到敲下轴承。

③ 用两块厚铁板在轴承内圈下夹住转轴，用能容纳转子的圆筒支住铁板，在转轴上端面垫上铜板，通过敲打取下轴承。

5. 轴承的检查

轴承是支撑转子的部件，承受转子全部重量及在运行中产生的各种作用力，轴承好坏关系到整机的工作性能、安全运行及使用寿命。检查时应注意以下几点。

① 检查轴承的外表和光洁度，检查有无裂纹、锈点、脱皮。

② 检查轴承保持架磨损情况和铆钉有无松动。

③ 检查轴承游隙大小是否超标。

④ 检查轴承滚道面有无锈迹及滚珠有无脱皮、伤痕。

⑤ 检查有无过热现象。

⑥ 转动轴承外圈，检查转动是否流畅，声音是否和顺，停转时是否慢慢停下，是否无突然停止现象且停止后无倒转现象。

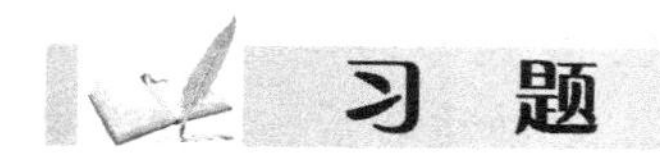

习　题

一、单选题

1. 电动机在额定工作状态下运行时，定子电路所加的(　　)称为额定电压。

A. 线电压　　B. 相电压　　C. 总电压

2. 鼠笼型异步电动机降压启动能减少启动电流，但由于电动机的转矩与电压的平方成(　　)，因此降压启动时转矩减少较多。

A. 反比　　B. 正比　　C. 对应

3. 三相异步电动机虽然种类繁多，但基本结构均由(　　)和转子两大部分组成。

A. 外壳　　B. 定子　　C. 机座

4. 三相鼠笼型异步电动机的启动方式有两类：在额定电压下的直接启动和(　　)启动。

A. 转子串频敏　　B. 转子串电阻　　C. 降低电压

5. 三相异步电动机按其(　　)不同，可分为开启式、防护式、封闭式三大类。

A. 供电电源方式　　B. 外壳防护方式　　C. 结构

6. 电动机在正常运行时的声音平稳、轻快、(　　)和有节奏。

A. 尖叫　　B. 均匀　　C. 有摩擦声

7. 电动机的(　　)作为电动机磁通的通路，要求材料有良好的导磁性能。

A. 端盖　　B. 机座　　C. 定子铁芯

8. 组合开关用于电动机可逆控制时，(　　)允许反向接通。

A. 在电动机停转后就

B. 不必在电动机完全停转后就

C. 必须在电动机完全停转后才

9. 检查电动机轴承润滑时，可以(　　)电动机转轴，看是否转动灵活，听有无异声。

A. 用手转动　　B. 通电转动　　C. 用其他设备带动

10. 鼠笼型异步电动机采用电阻降压启动时，启动次数(　　)。

A. 不宜太少　　B. 不允许超过3次/小时　　C. 不宜过于频繁

11. (　　)的电动机，在通电前，必须先做各绕组的绝缘电阻检查，合格后才可通电。

A. 不常用，但电动机刚停用不超过一天

B. 一直在用，停止没超过一天

C. 新装或未用过

12. 三相异步电动机一般可直接启动的功率为(　　)kW以下。

A. 10　　B. 7　　C. 16

13. 异步电动机在启动瞬间，转子绕组中感应电流很大，使流过定子的启动电流也很大，约为额定电流的(　　)倍。

A. 2　　B. 5～7　　C. 9～10

14. 电动机的机械特性是(　　)之间的关系。

A. 转速与电压　　B. 转速与转矩　　C. 电压与转矩

15. 降压启动是启动时降低加在电动机(　　)绕组上的电压，启动运转后，再使其电压恢复到额定电压正常运行。

A. 定子　　B. 转子　　C. 定子及转子

16. 国家标准规定，凡(　　)以上的电动机均采用三角形接法。

A. 4kW　　B. 3kW　　C. 7.5kW

17. 测量运行中的绕线型异步电动机的转子电流，可以用(　　)。

A. 安培表　　B. 钳形电流表　　C. 检流计

18. 测量电动机线圈对地的绝缘电阻时，摇表的“L”“E”两个接线柱应(　　)。

A.“E”接电动机出线的端子，“L”接电动机的外壳

B.“L”接电动机出线的端子，“E”接电动机的外壳

C. 随便接，没有规定

19. 电动机在额定工作状态下运行时，(　　)的机械功率称为额定功率。

A. 允许输入　　B. 允许输出　　C. 推动电动机

20. 电动机在运行时，要通过(　　)、看、闻等方法及时监视电动机。

A. 记录　　B. 听　　C. 吹风

21. 清理电动机内部的污物及灰尘，应用(　　)。

A 湿布擦抹

B. 布上沾汽油、煤油等擦抹

C. 用压缩空气吹或用干布擦抹

二、判断题

1. 通过改变转子电阻调整电动机转速的方法只适用于绕线型异步电动机。( )

2. 交流电动机铭牌上的频率是此电动机使用的交流电源的频率。( )

3. 对电动机各绕组进行绝缘检查时，如测出绝缘电阻不合格，不允许通电运行。( )

4. 对电动机进行检修，经各项检查合格后，就可对电动机进行空载试验和短路试验。( )

5. 电动机在正常运行时，如闻到焦臭味，则说明电动机转速过快。( )

6. 在断电后，电动机停转，而当电网再次来电时，电动机能自行启动的运行方式称为失压保护。( )

7. 异步电动机的转差率是旋转磁场的转速与电动机转速之差与旋转磁场的转速之比。( )

8. 对电动机轴承的润滑情况进行检查时，可以通过转动电动机转轴，看其转动是否灵活，听有无异声进行判断。( )

9. 三相异步电动机工作时，转子导体中会形成电流，其电流方向可用右手定则判定。( )

10. 使用改变磁极的对数来调速的电动机一般都是绕线型转子电动机。( )

11. 电动机运行时发出沉闷声是表示其在正常运行的声音。( )

12. 电动机运行过程中，如果在发出异常响声和发热的同时转速急速下降时，应立即切断电源，停机检查。( )

13. 因闻到焦臭味而停止运行的电动机，必须找出故障的原因后才能再通电运行。( )

14. 对绕线型异步电动机应经常检查电刷与集电环的接触情况及电刷的磨损、压力、产生火花的情况。( )

第6章

电气线路

电气线路是电力系统的重要组成部分。电气线路可分为电力线路和控制线路，电力线路完成输送电能的任务，控制线路完成保护和测量的任务。电气线路除应满足供电可靠性和控制可靠性的要求外，还必须满足各项安全要求。

6.1 电气线路的种类

电气线路种类很多。按照敷设方式区分，可分为架空线路、电缆线路、室内配线等。

一、架空线路

架空线路指利用杆塔敷设的、档距(架空线路相邻两杆塔柱中心之间的水平距离)超过25m的高、低压电气线路。

架空线路主要由导线、杆塔、绝缘子、横担、拉线、金具及基础等组成。

1. 导线

架空线路的导线用来输送电流，多采用钢芯铝绞线、硬铜绞线、硬铝绞线和铝合金绞线。厂区(特别是有火灾危险的场所)内的低压架空线路宜采用绝缘导线。

2. 杆塔

架空线路的杆塔用来支撑导线及其附件，有钢筋混凝土杆、木杆和铁塔之分。按其功能区分，分为直线杆塔、耐张杆塔、跨越杆塔、转角杆塔、分支杆塔和终端杆塔等。

① 直线杆塔用于线路直线段，起支撑导线(横担、绝缘子、金具)的作用，如图6.1的左图所示。

② 耐张杆塔在断线施工的情况下，能承受线路单方向的拉力，用于线路直线段几座直线杆塔之间的线段上，如图6.1的右图所示。

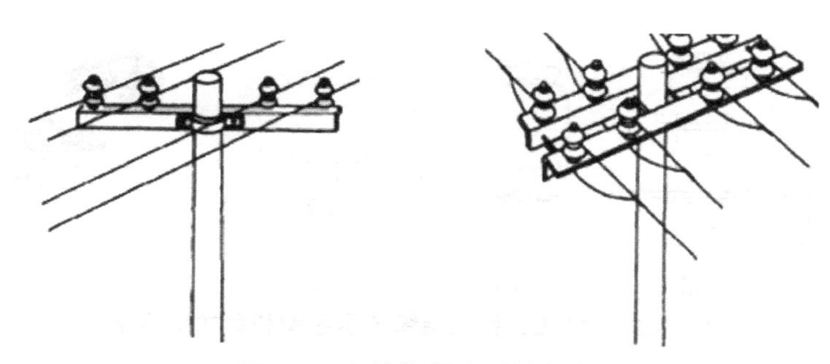

图 6.1 直线杆塔和耐张杆塔

③ 跨越杆塔用于跨越铁路、公路、河流等地的线段，如图 6.2 的左图所示。

④ 转角杆塔用于线路改变方向的地方，它能承受线路两方向的合力，如图 6.2 的右图所示。

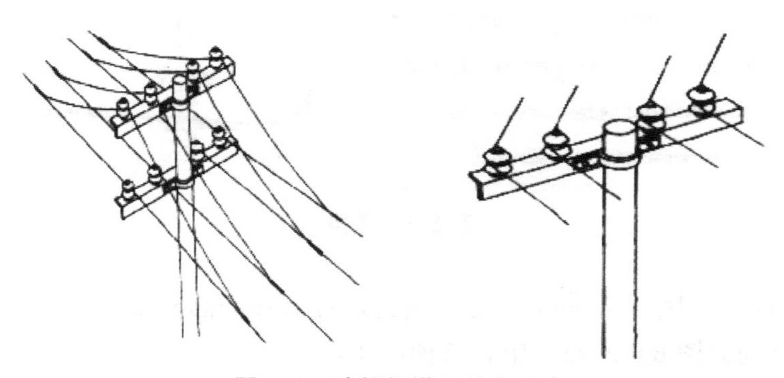

图 6.2 跨越杆塔和转角杆塔

⑤ 分支杆塔用于线路分支处，能承受各方向线路的合力，如图 6.3 的左图所示。

⑥ 终端杆塔用于线路的终端，能承受线路导线拉力，如图 6.3 的右图所示。

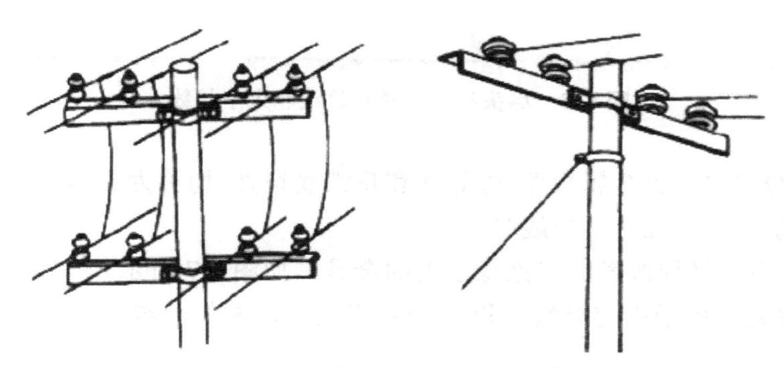

图 6.3 分支杆塔和终端杆塔

3. 绝缘子

架空线路的绝缘子又称为瓷瓶，用于固定导线并使导线和电杆绝缘。绝缘子应有足够的电气绝缘强度和机械强度，蝶式、鼓式、针式绝缘子示意图和针式绝缘子的实物分别如图 6.4 的(a)、(b)、(c)、(d)图所示。

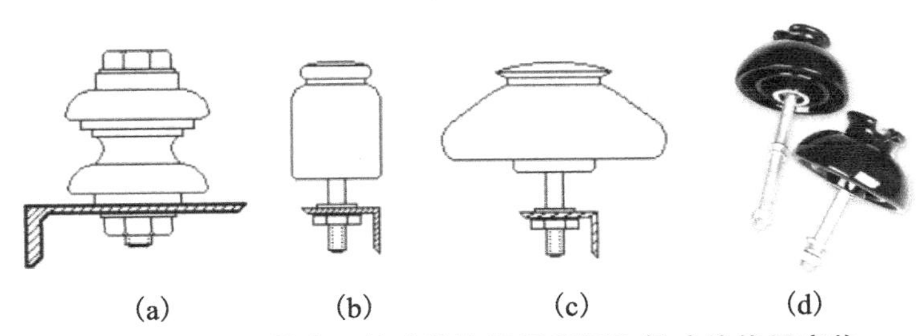

图 6.4 蝶式、鼓式、针式绝缘子示意图和针式绝缘子实物

4. 横担

架空线路的横担是绝缘子的安装架，也是保持导线间距的排列架。常用的横担有角铁横担、木横担和陶瓷横担。横担的外形和它在架空线路上的位置分别如图 6.5 的左图和右图所示。

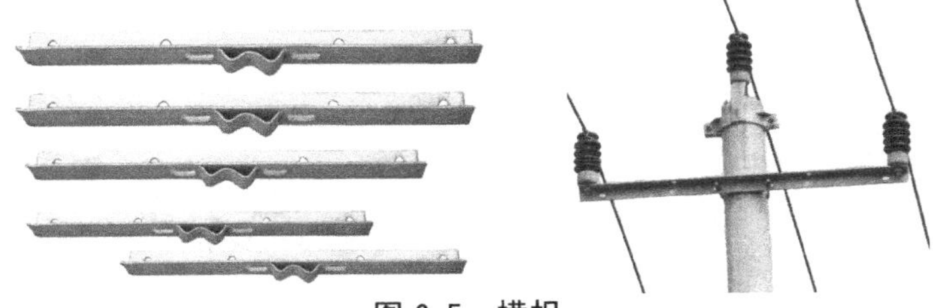
图 6.5 横担

5. 拉线

架空线路的拉线用来平衡杆塔各方向受力，保持杆塔的稳定性。尽头拉线、转角拉线和人字拉线分别如图 6.6 的左、中、右图所示。

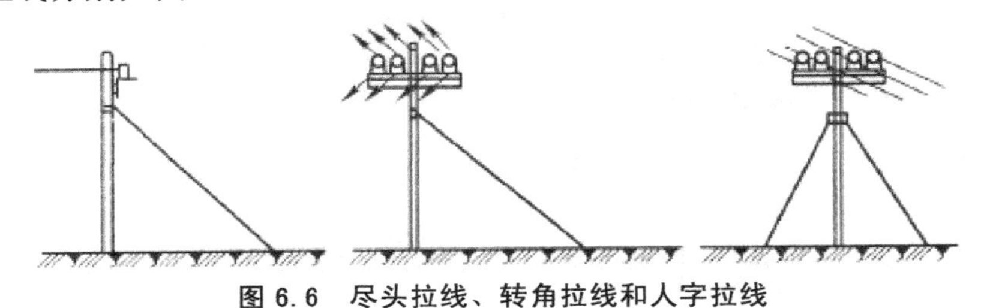
图 6.6 尽头拉线、转角拉线和人字拉线

6. 金具

用于架空线路的所有金属构件(除导线和角铁横担外)均称为金具。金具主要用于安装固定导线、横担、绝缘子、拉线等。

① 悬垂线夹：将导线悬挂在绝缘子上的金具，如图 6.7 所示。

② 耐张线夹：用于固定导线，以承受导线张力，并将导线挂至杆塔上的金具，如图 6.8 所示。

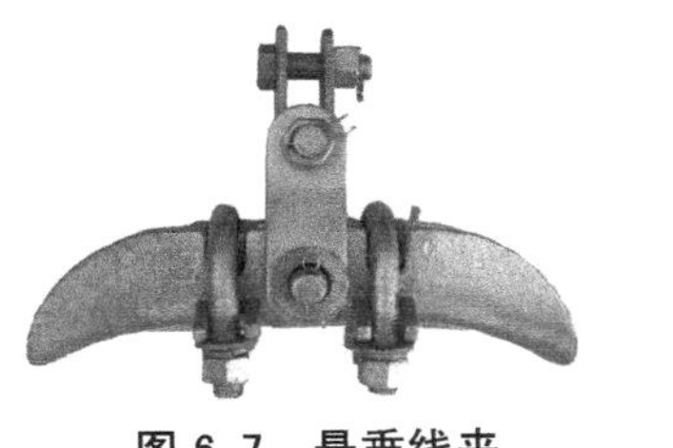
图 6.7 悬垂线夹

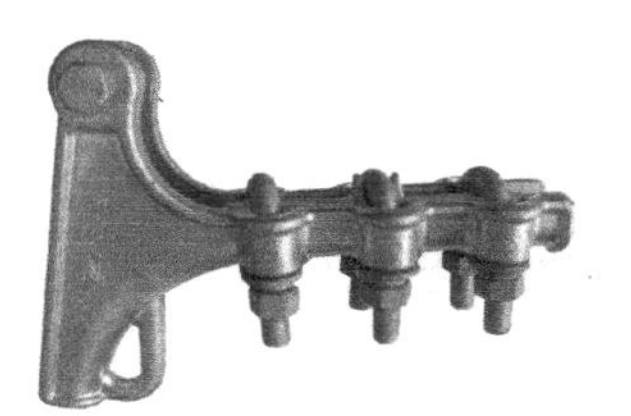
图 6.8 耐张线夹

③ 保护金具：起电气性能或机械性能保护作用的金具，如防震锤，间隔棒等，防震锤如图 6.9 所示。

④ 拉线金具：连接、固定、调整和保护杆塔到地锚之间拉线的金属器件，用于连接拉线和承受拉力，拉线金具中的拉线棒如图 6.10 所示。

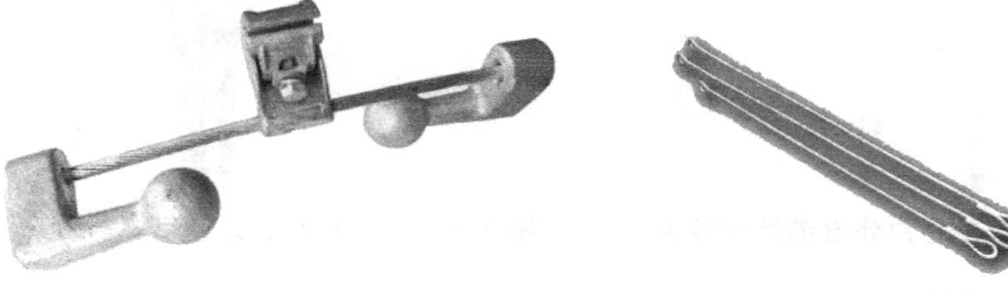

图 6.9 防震锤　　图 6.10 拉线棒

架空线路的优点是造价低，施工和维修方便，机动性强；缺点是易受大气中各种有害因素影响，影响交通和地面建设，而且容易与邻近的高大设施、设备或树木接触或过分接近，导致触电、短路等事故。

二、电缆线路

电缆线路主要由电力电缆、电缆终端接头和电缆中间接头组成。

1. 电力电缆

电力电缆主要由缆芯导体、绝缘层和保护层组成。缆芯分铜芯和铝芯两种。绝缘层有油浸纸绝缘、塑料绝缘、橡皮绝缘等几种。保护层分内护层和外护层，内护层分铅包、铝包、聚氯乙烯护套、交联聚乙烯护套、橡胶套等几种；外护层包括黄麻衬垫、钢铠和防腐层。油浸纸绝缘电力电缆内部结构如图 6.11 所示。

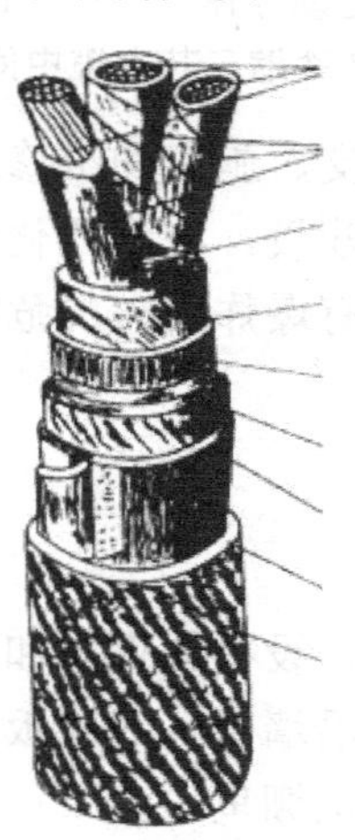

图 6.11 油浸纸绝缘电力电缆内部结构

2. 电缆终端接头

户外用电缆终端接头有铸铁外壳、瓷外壳、环氧树脂终端接头、尼龙终端接头，常用环氧树脂终端接头和尼龙终端接头。35kV 单芯户外电缆终端接头如图 6.12 所示，10kV 四芯交联电缆热缩户内终端接头如图 6.13 所示。

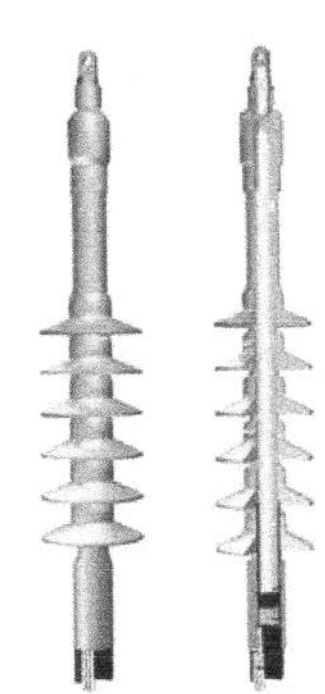
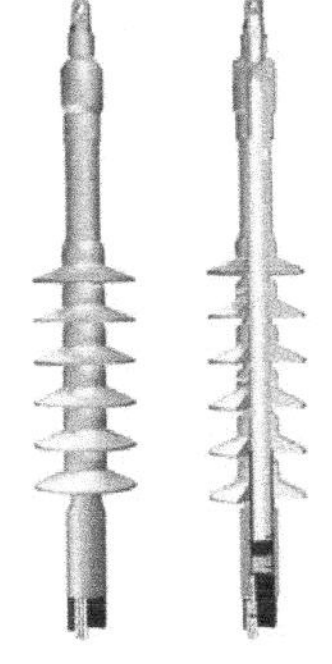

图 6.12　35kV 单芯户外电缆终端接头

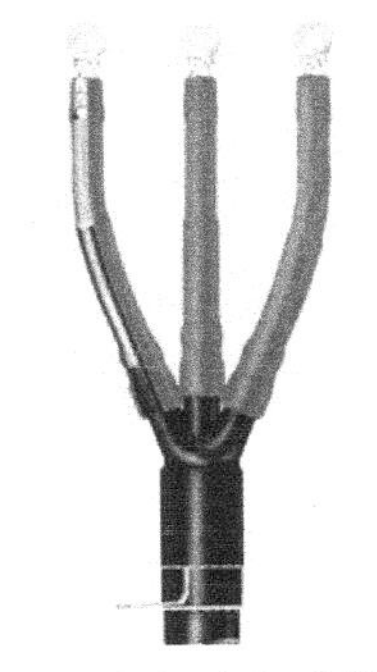

图 6.13　10kV 四芯交联电缆热缩户内终端接头

3. 电缆中间接头

电缆中间接头有环氧树脂、铅套、铸铁中间接头，8.7/15kV 冷缩三芯电缆中间接头结构如图 6.14 所示。

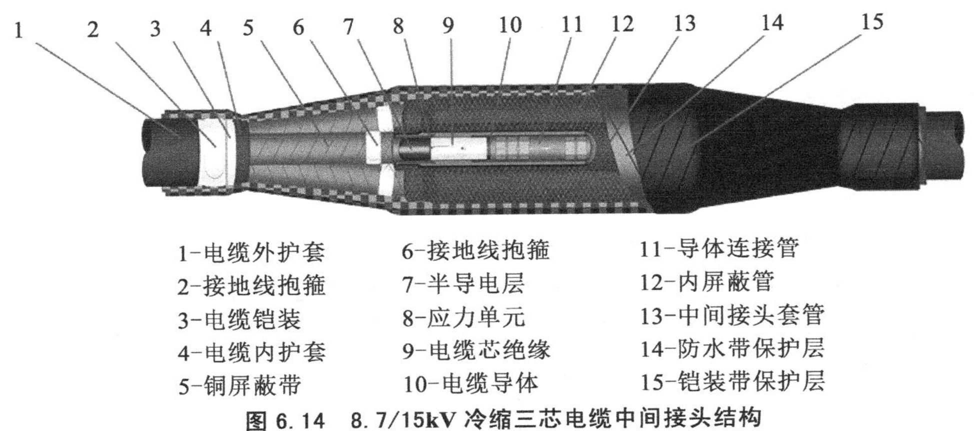

1-电缆外护套　6-接地线抱箍　11-导体连接管
2-接地线抱箍　7-半导电层　12-内屏蔽管
3-电缆铠装　8-应力单元　13-中间接头套管
4-电缆内护套　9-电缆芯绝缘　14-防水带保护层
5-铜屏蔽带　10-电缆导体　15-铠装带保护层

图 6.14　8.7/15kV 冷缩三芯电缆中间接头结构

电缆线路的缺点是造价高、不便分支、施工和维修难度大；优点是不容易受大气中各种有害因素影响，不妨碍交通和地面建设。在现代化企业中，电缆线路得到了广泛的应用，特别是在有腐蚀性气体或蒸气、有爆炸或火灾危险的场所，应用最为广泛。

三、室内配线

1. 室内配线的类型

室内配线是敷设在室内的用电器具、设备的供电和控制线路。室内配线有明线安装和暗线安装两种。明线安装指的是导线沿墙壁、天花板、梁及柱子等表面敷设；暗线安装指的是导线穿管埋设在墙内、地下、顶棚里。

2. 室内配线的主要方式

室内线路常用的配线方式有塑料护套线配线、线管配线和线槽配线等，选择何种配线方式，应考虑室内环境的特征和安全要求。

① 塑料护套线配线：塑料护套线是一种将双芯或多芯绝缘导线并在一起，外加塑料保护层的双绝缘配线，具有防潮、耐酸、耐腐蚀及安装方便等优点。塑料护套线广泛用

于家庭、办公等室内配线中，一般用铝片或塑料线卡作为配线的支持物，直接敷设在建筑物的墙壁表面上，有时也可直接敷设在空心楼板中。塑料护套线外形、线芯如图 6.15 的左图所示，塑料线卡外形如图 6.15 的右图所示。

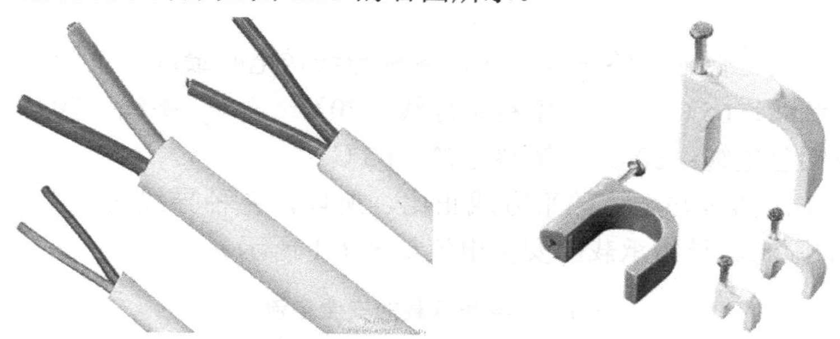

图 6.15 塑料护套线外形、线芯和塑料线卡外形

② 线管配线：把绝缘导线穿在管内敷设，称为线管配线。线管配线有耐潮、耐腐蚀、导线不易受机械损伤等优点，适用于室内外照明和动力线路的配线。线管配线有明装式和暗装式两种，明装式表示线管沿墙壁或其他支撑物表面敷设，要求线管横平竖直、整齐美观；暗装式表示线管埋入地下、墙体内或吊顶上，要求线管短、弯头少。

③ 线槽配线：线槽配线广泛用于电气工程安装、机床和电气设备的配电板或配电柜等场合，也适用于电气工程改造时更换线路以及各种弱电、信号线路在吊顶内的敷设。线槽配线方式具有安装维修方便、阻燃等特点。常用的塑料线槽材料为聚氯乙烯，由槽底和槽盖组合而成。配线时，应先铺设槽底，再敷设导线(即将导线放置于槽腔中)，最后扣紧槽盖。应注意的是，槽底接缝与槽盖接缝应尽量错开。钢电缆线槽外形和分隔型配线槽外形分别如图 6.16 的左图和右图所示。

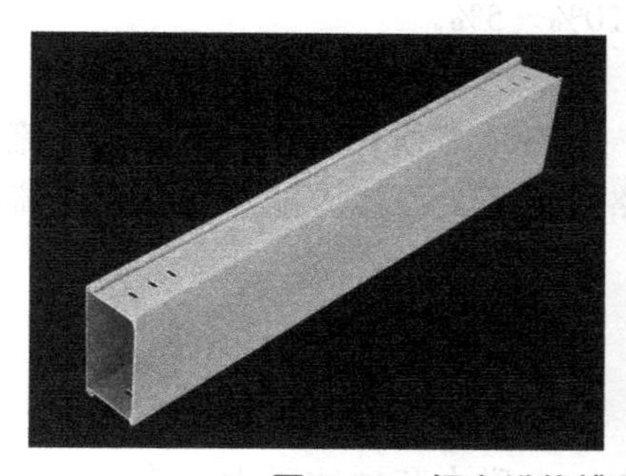

图 6.16 钢电缆线槽外形和分隔型配线槽外形

6.2 电气线路的安全

电气线路除应满足供电可靠性和控制可靠性要求、经济指标要求和维护管理方便要求外，还必须满足各项安全要求。

一、导电能力

导线的导电能力包含对发热、电压损失和短路电流三方面的要求。

1. 发热

为防止线路过热，保证线路正常工作，各种导线送电时最高温度的上限值如下。

橡皮绝缘线：65℃　塑料绝缘线：70℃　裸线：70℃

铅包或铝包电缆：80℃　塑料电缆：65℃

因为电流产生的热量与电流的平方成正比，所以，各种导线的许用电流(即安全载流量)也有一定的限制。导线承载的安全电流如表 6.1 所示。

表 6.1　导线承载的安全电流

导线截面积(mm^2)	2.5	4	6	10	16	25	35	50	70	95	120	150
电流密度(A/mm^2)	5	5	5	5	4	4	3	3	2.5	2.5	2	2
塑铝线承载安全电流(A)	12.5	20	30	50	64	100	105	150	175	237.5	240	300
裸线承载安全电流(A)	将第 3 行对应的各数乘以 1.5											
穿管导线安全电流(A)	将第 3 行对应的各数乘以 0.8											
高温环境安全电流(A)	将第 3 行对应的各数乘以 0.9											

2. 电压损失

电压损失是用户端电压与供电端电压之间的代数差。如果电压损失过大，不但用电设备不能正常工作，还可能导致电气设备和电气线路发热。我国有关标准规定，对于供电电压 10kV 及以下动力线路的电压损失不得超过额定电压的±7%，低压照明线路和农业用户线路的电压损失不得超过额定电压的-10%～5%。

3. 短路电流

为了在短路时速断保护装置能可靠动作，短路时必须有足够大的短路电流，这就要求导线截面积不能太小；另一方面，由于短路电流大，导线应能承受短路电流的冲击而不被破坏。

二、机械强度

运行中的导线将受到自重、风力、热应力、电磁力和覆冰重力的作用。因此，必须保证足够的机械强度。按照机械强度的要求，架空线路导线最小截面积如表 6.2 所示。

表 6.2　架空线路导线最小截面积(单位 mm^2)

类别	铜	铝及铝合金	铁
单股	6	10	6
多股	6	16	10

三、间距

由于接户线的故障比较多见，因此安装低压接户线应当注意以下各项间距要求。

① 如接户线下方是交通要道，接户线离地面最小高度不得小于 6m，在安装有困难的场合，接户线离地面最小高度不得小于 3.5m。

② 接户线不宜跨越建筑物，必须跨越时，和建筑物的垂直距离不得小于 2.5m。

③ 接户线离建筑物突出部位的距离不得小于 0.15m，离下方阳台的垂直距离不得小于 2.5m，离下方窗户的垂直距离不得小于 0.3m，离上方窗户或阳台的垂直距离不得小于 0.8m，离窗户或阳台的水平距离也不得小于 0.8m。

④ 如果接户线与通信线路交叉，接户线在上方时，两者的垂直距离不得小于 0.6m；接户线在下方时，两者之间的垂直距离不得小于 0.3m。

⑤ 接户线与树木之间的最小距离不得小于 0.3m。

如不能满足上述距离要求，须采取其他防护措施。除以上安全距离的要求外，还应注意接户线长度一般不得超过 25m；接户线应采用绝缘导线，铜导线截面积不得小于 $2.5mm^2$，铝导线截面积不得小于 $10mm^2$；接户线不宜从变压器台电杆引出，由专用变压器附杆引出的接户线应采用多股导线。接户线与配电线路之间的夹角达到 45°时，配电线路的电杆上应安装横担。接户线不得有接头。

四、导线连接

1. 导线连接的要求

导线有绞合连接、压接、焊接等多种连接方式。导线的连接必须紧密，原则上导线连接处的机械强度不得低于原导线机械强度的 80%，绝缘强度不得低于原导线的绝缘强度，接头部位电阻不得大于原导线电阻的 1.2 倍。

连接导线时，必须符合国标有关电气装置安装工程施工及验收标准的要求。一般场合下，应采用焊接、压接或套管接来连接导线的芯线；低压系统导线截面积较小时，可采用绞合连接的连接方式。在剖削导线绝缘层时，线芯截面不超过 $4mm^2$ 时，一般用钢丝钳或剥线钳进行剖削，线芯截面积大于 $4mm^2$ 时，用电工刀剖削；塑料软线的绝缘层用剥线钳或钢丝钳剖削；塑料护套线的绝缘层用电工刀剖削。剖削导线绝缘层时，不得损伤线芯；若损伤较多，则应重新剖削。对剖削过的导线绝缘层或破损的导线绝缘层，必须恢复绝缘，恢复后的绝缘强度不应低于原有绝缘层的强度。

2. 导线的绞合连接

以下①、②、③中介绍的是铜芯导线的连接方法。

① 一字型绞合连接。将需要连接的导线的芯线直接紧密绞合在一起。

相同截面积单股芯线铜导线的一字型绞合连接：将两根导线端去绝缘层后作 X 形交叉，互相绞合 2～3 匝，两线端分别向芯线紧密缠 6 圈，把多余线端剪去，钳平切口。相同截面积单股芯线的铜导线一字型绞合连接步骤如图 6.17 的上、中、下图所示。

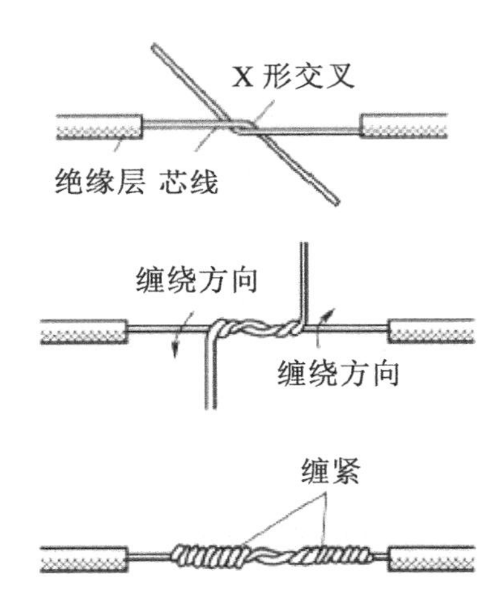

图 6.17 相同截面积单股芯线铜导线一字型绞合连接步骤

不同截面积单股芯线铜导线的一字型绞合连接：先将细导线的芯线在粗导线的芯线上紧密缠绕 5～6 圈，然后将粗导线芯线的线头折回紧压在缠绕层上，再用细导线芯线在其上继续缠绕 3～4 圈后剪去多余线头。不同截面积单股芯线铜导线的一字型绞合连接步骤如图 6.18 的左、中、右图所示。

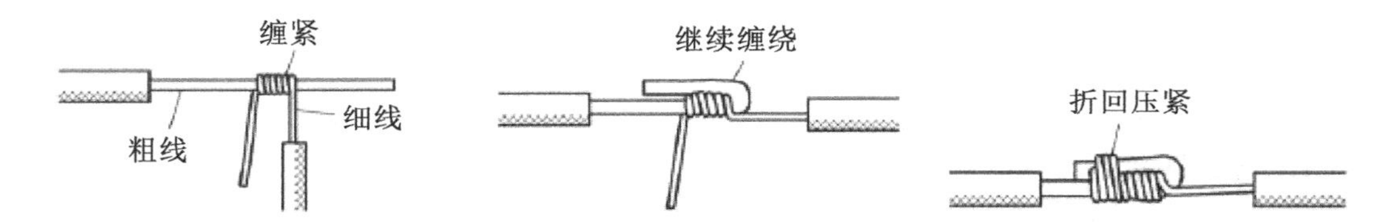

图 6.18 不同截面单股芯线的铜导线一字型绞合连接步骤

② T 字型分支连接。进行 T 字型分支连接时，将支路芯线的线头在干路芯线上紧密缠绕 5～8 圈后剪去多余线头。对于较小截面的芯线，可先将支路芯线的线头在干路芯线上打一个环绕结，再紧密缠绕 5～8 圈后剪去多余线头。单股芯线铜导线的 T 字型分支连接和较小截面积芯线单股铜导线的 T 字型分支连接分别如图 6.19 的左图和右图所示。

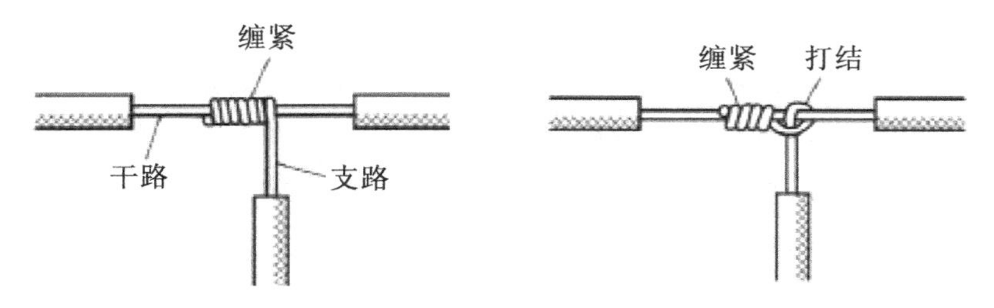

图 6.19 单股芯线铜导线和较小截面积芯线单股铜导线的 T 字型分支连接

③ 十字型分支连接。进行十字型分支连接时，将上下支路芯线的线头紧密缠绕在干路芯线上 5～8 圈后剪去多余线头。可以将上下支路芯线的线头向一个方向缠绕，也可以向左右两个方向缠绕。十字型分支连接单向缠绕和双向缠绕分别如图 6.20 的左图和右图所示。

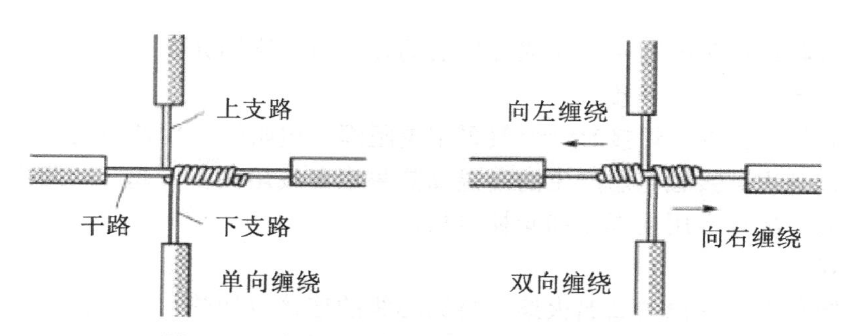

图6.20 十字型分支连接单向缠绕和双向缠绕

④ 铝芯导线的连接：铜芯导线通常可以直接绞合连接，而铝芯线由于常温下易氧化，且氧化铝的电阻率较高，故一般采用压接的方式连接。

⑤ 铜、铝芯导线间的连接：铜芯导线与铝芯导线不能直接绞合连接，通常要采用专用的铜、铝过渡接头。原因如下：铜、铝的热膨胀率不同，直接连接容易产生松动；铜、铝直接连接会产生电化腐蚀现象。

绞合连接导线的注意事项：电气接触应较好，即接触电阻要小；要有足够的机械强度；连接处的绝缘强度不低于导线本身的绝缘强度。

3. 导线的压接连接

铝芯导线虽然也可采用绞合连接，但铝芯线的表面极易氧化，日久将造成线路故障，因此铝芯导线通常采用压接连接。

所谓压接连接，是指用铜或铝套管套在被连接的芯线上，再用压接钳或压接模具压紧套管使芯线保持连接。在进行压接连接时，对铜芯导线应采用铜套管，对铝芯导线应采用铝套管。连接时，从左右套管两端分别插入相等长度的两根导线的芯线，以保证两根芯线线头的连接点位于套管内的中间位置，然后用压接钳或压接模具压紧套管。一般情况下，只要在每端压一个坑即可满足接触电阻的要求。如果对机械强度有要求，可在每端压两个坑。对于较粗的导线或机械强度要求较高的场合，可适当增加压坑的数目。

对铜芯导线与铝芯导线进行压接连接时，必须采取防止电化腐蚀的措施，方法如下。

① 采用铜铝连接套管。铜铝连接套管的一端是铜质的，另一端是铝质的，使用时将铜导线的芯线插入套管的铜端，将铝导线的芯线插入套管的铝端，然后压紧套管。

② 将铜芯导线镀锡后采用铝套管连接。由于锡与铝的标准电极电位相差较小，在铜与铝之间夹垫一层锡可以防止电化腐蚀。具体做法是先在铜导线的芯线上镀上一层锡，再将镀锡铜芯线插入铝套管的一端，将铝导线的芯线插入该套管的另一端，最后压紧套管。

4. 导线的焊接连接

焊接连接是将金属(焊锡等焊料或导线本身)熔化融合而使导线连接。电工技术中连接导线的焊接种类有锡焊、电阻焊、电弧焊、气焊、钎焊等。

(1) 铜芯导线接头的锡焊

较细的铜芯导线接头可用大功率(例如 150W)的电烙铁进行锡焊焊接。焊接前应先清除铜芯线接头部位的氧化层和污物，为增加连接的可靠性和机械强度，可将要连接的两根芯线先行绞合，再涂上无酸助焊剂，用电烙铁蘸焊锡进行焊接。焊接中应使焊锡充分熔融，渗入芯线接头缝隙中，完成焊接后的连接点应牢固光滑。

（2）铝芯导线接头的焊接

对铝芯导线接头进行焊接时，一般采用电阻焊。电阻焊是用低电压大电流通过铝芯导线连接处，利用其接触电阻产生的高温高热将铝芯线熔接在一起。电阻焊应使用特殊的降压变压器，配以专用的焊钳和碳棒电极。

（3）气焊

气焊是指利用气焊枪的高温火焰，将铝芯线的连接点加热，使待连接的铝芯线相互熔融连接。气焊前应将待连接的铝芯线绞合，也可以用铝丝或铁丝绑扎固定。

五、线路防护

各种线路应对有化学性质、热性质、机械性质、环境性质、生物性质和其他性质有害因素的危害有足够的防护能力。

电力电缆在以下部位应穿管防护：电缆引入或引出建筑物(包括隔墙、楼板)、沟道、隧道等处；电缆通过铁路、道路处；电缆引入或引出地面时，地面以上 2m 和地面以下 0.1～0.25m 的一段；电缆有可能受到机械损伤的部位；电缆与各种管道或沟道之间的距离不足规定的距离处。

六、过电流保护

电气线路的过电流保护包括短路保护和过载保护。

1. 短路保护

短路电流很大，持续时间稍长即可造成严重后果，因此，短路保护装置必须在瞬间动作。电磁式过电流脱扣器(或继电器)具有瞬间动作的特点，宜用作短路保护元件。当电流为熔体额定电流的 6 倍时，因为快速熔断器的熔断时间一般不超过 0.02s，因此，它也具有良好的短路保护性能。

2. 过载保护

热脱扣器(或热继电器)宜用作过载保护元件，但热脱扣器动作太慢(6 倍整定电流时动作时间仍大于 5s)，故不能作短路保护元件。在没有冲击电流或冲击电流很小的线路中，熔断器除用作短路保护元件外，也可兼作过载保护元件。

七、线路管理

对电气线路的建设与状况应保存必要的资料和文件，如施工图、实验记录等。还应建立巡视、清扫、维修等制度。架空线路敞露在大气中，容易受到气候和环境条件影响，因此，对于架空线路，除设计中必须考虑对有害因素的防护外，还必须加强巡视和检修，并考虑防止事故扩大的措施。电缆受到外力破坏、化学腐蚀、水淹、虫咬或电缆终端接头和中间接头受到污染或进水等，均可能发生事故，因此，对电缆线路也必须加强管理。

对临时线路应建立相应的管理制度。例如，安装临时线路应有申请、审批手续；临时线路应有专人负责；应有明确的使用地点和使用期限等。装设临时线路必须先考虑安全问题。移动式临时线路必须采用有保护芯线的橡胶套软线，长度一般不超过 10m。临时架空线的高度和与其他物体的间距，原则上不得小于正规线路所规定的限值，必要的部位应采取屏护措施，临时架空线的长度一般不得超过 500m。

6.3 电气线路的巡视检查

巡视检查是维护电气线路的一项基本内容。通过巡视检查可及时发现缺陷，以便采取防范措施，保障线路安全。巡视人员应将发现的缺陷记入记录本，并及时报告。

一、架空线路的巡视检查

架空线路巡视分为定期巡视、特殊巡视和故障巡视。定期巡视是日常工作内容，10kV 及 10kV 以下的线路，每季度至少巡视一次；特殊巡视是运行条件突然变化后的巡视，如雷雨、大雪、重雾天气后的巡视，地震后的巡视等；故障巡视是发生故障后的巡视。巡视中一般不得单独排除故障。

架空线路巡视检查主要包括以下内容。

① 线路下方的地面是否堆放有易燃、易爆或有强烈腐蚀性的物质；线路附近有无危险建筑物；有无在雷雨或大风天气可能对线路造成危害的建筑物及其他设施；线路上有无树枝、风筝、鸟巢等杂物。

② 电杆有无倾斜、变形、腐朽、损坏及基础下沉等现象；横担和金具是否移位，固定是否牢固，焊缝是否开裂，是否缺少螺母等。

③ 导线有无断股、背花、腐蚀、外力破坏造成的伤痕；导线接头是否良好，有无过热、严重氧化、腐蚀痕迹；导线与大地、邻近建筑物或邻近树木的距离是否符合要求。

④ 绝缘子有无破裂、脏污、烧伤及闪络痕迹，绝缘子串偏斜程度，绝缘子铁件损坏情况。

⑤ 拉线是否完好，是否松弛，绑扎线是否紧固，螺钉和螺母是否锈蚀。

⑥ 保护间隙(放电间隙)的大小是否合格；避雷器瓷套有无破裂、脏污、烧伤及闪络痕迹；密封是否良好，固定有无松动；避雷器上引线有无断股，连接是否良好；避雷器的引下线是否完好，固定有无变化，接地体是否外露，连接是否良好。

二、电缆线路的巡视检查

电缆线路的定期巡视一般每季度一次，户外电缆终端头巡视每月一次。

电缆线路巡视检查主要包括以下内容。

① 直埋电缆线路标桩是否完好；沿线路地面上是否堆放垃圾或其他重物，有无临时建筑；线路附近地面是否开挖；线路附近有无酸碱等腐蚀性排放物，地面上是否堆放

石灰等可构成腐蚀的物质；露出地面的电缆有无穿管保护；保护管有无损坏或锈蚀，固定是否牢固；电缆引入室内处的封堵是否严密；洪水期间或暴雨过后，附近有无严重冲刷或塌陷现象。

② 检查沟道内的电缆线路：沟道的盖板是否完整无缺；沟道是否渗水，沟道内有无积水，沟道内是否堆放有易燃易爆物品；电缆铠装或铅包有无腐蚀；全塑电缆有无被老鼠啃咬的痕迹；洪水期间或暴雨过后，室内沟道是否进水，室外沟道泄水是否畅通。

③ 电缆终端头和中间接头的瓷套管有无裂纹、脏污及闪络痕迹；充有电缆胶(油)的终端头有无溢胶(漏油)现象；接线端子连接是否良好；有无过热迹象；接地线是否完好，有无松动；中间接头有无变形、温度是否过高。

④ 明敷电缆沿线的挂钩或支架是否牢固；电缆外皮有无腐蚀或损伤。

习　题

一、单选题

1. 根据线路电压等级和用户对象，电力线路可分为配电线路和(　　)线路。
   A. 照明　　B. 动力　　C. 送电
2. 导线接头连接不紧密，会造成接头(　　)。
   A. 绝缘不够　　B. 发热　　C. 不导电
3. 保护线(接地或接零线)的颜色按标准应采用(　　)。
   A. 红色　　B. 蓝色　　C. 黄绿双色
4. 导线接头的机械强度应不小于原导线机械强度的(　　)。
   A. 90%　　B. 80%　　C. 95%
5. 6～10kV架空线路的导线经过居民区时，线路与地面的最小距离为(　　)。
   A. 6m　　B. 5m　　C. 6.5m
6. 三相四线制的零线的截面积一般应(　　)相线截面积。
   A. 大于　　B. 小于　　C. 等于
7. 在安装电气线路时，导线与导线或导线与电气螺栓之间最易引发火灾的连接工艺是(　　)。
   A. 铝线与铝线绞接　　B. 铜线与铝线绞接　　C. 铜铝过渡接头压接
8. 我们平时称的瓷瓶，在电工专业中称为(　　)。
   A. 绝缘瓶　　B. 隔离体　　C. 绝缘子
9. 导线的中间接头采用绞合连接时，先在中间互绞(　　)。
   A. 2 圈　　B. 1 圈　　C. 3 圈
10. 导线接头的绝缘强度应(　　)原导线的绝缘强度。
   A. 大于　　B. 等于　　C. 小于

二、判断题

1. 导线连接后，接头与绝缘层的距离越小越好。(　)

2. 连接导线时，必须进行防腐处理。(　)

3. 导线接头位置应尽量在绝缘子固定处，以方便统一扎线。(　)

4. 敷设电气线路时，严禁采用突然剪断导线的办法松线。(　)

5. 在高压线路发生火灾时，应采用有相应绝缘等级的绝缘工具，迅速拉开隔离开关，切断电源，选择二氧化碳或者干粉灭火器灭火。(　)

6. 在我国，超高压送电线路基本上采用架空敷设。(　)

7. 在选择导线时必须考虑线路投资，但导线截面积不能太小。(　)

8. 过载是指线路中的电流大于线路的计算电流或允许载流量。(　)

9. 为了安全，高压线路通常采用绝缘导线。(　)

10. 铜线与铝线在需要时可以直接绞合连接。(　)

第7章

照明设备

电气照明是工厂供电的一个组成部分，良好的照明是保证安全生产，提高劳动生产率和保护工作人员视力健康的必要条件，因此必须保证照明设备安全运行。

7.1 照明方式与种类

一、照明方式

照明方式是指照明设备根据其安装部位或使用功能而构成的基本制式，是按照明器具的布置特点来区分的。照明方式包括一般照明、局部照明和混合照明。

1. 一般照明

一般照明是指为照亮整个场所而设置的均匀的、非定向的照明。对于工作位置密度大，而对光照方向又无特殊要求，或工艺上不适宜装设局部照明设置的场所，宜采用一般照明。一般照明的优点是照度比较均匀；在工作表面和整个视界范围内，具有较好的亮度对比；可采用较大功率的灯泡，因而光效较高；照明装置数量少，覆盖面大，投资费用低。一般照明示例如图7.1所示。

图7.1 一般照明示例

2. 局部照明

局部照明是指局限于工作部位的固定的或移动的照明，对于局部地点需要高照度并对照射方向有要求时宜采用局部照明。局部照明示例如图 7.2 所示。

图 7.2 局部照明示例

3. 混合照明

混合照明是一般照明与局部照明共同组成的照明。混合照明的优点是可以在工作位置的垂直或倾斜表面上获得较高的照度，并且改善光色，减小装载功率和节约安装费用。在一个工作场所内，一般情况下，不应只安装局部照明而不安装一般照明。混合照明示例如图 7.3 所示。

图 7.3 混合照明示例

二、照明的种类

按照明的功能和作用区分，可分为正常照明、应急照明(疏散照明、安全照明、备用照明)、值班照明、警卫照明、障碍照明(机场、港口的指示性照明和修路时的指示性照明)和装饰性照明(商场、广场喷泉、建筑装饰照明)。

1. 应急照明

应急照明指在电源发生故障，正常照明系统不能提供正常照明的情况下，供人员疏散、保障安全或继续工作的照明。

① 疏散照明是在正常照明电源发生故障(时间不大于 5s)时，为使人员能容易而准确无误地找到建筑物出口而设置的应急照明。锅炉本体楼梯、地下运煤装置、楼梯间、主要通道出入口应安装应急照明设备。用于疏散照明的应急疏散灯如图 7.4 所示。

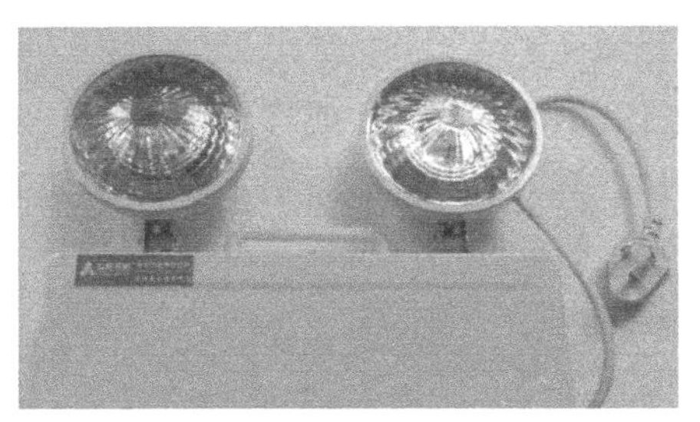

图 7.4　应急疏散灯

② 安全照明是在正常照明电源发生故障(时间不大于 0.5s)时，为确保处于潜在危险中的人员安全而设置的应急照明。黑暗中可能造成人员挫伤和灼伤的区域、医院手术室、急救室、容易引起恐慌的电梯等处应设置安全照明设备。对于安全照明，因转换时间极短，所以不能用柴油发电机组为应急电源，也不能用日光灯作为光源，必须用瞬时能点亮的白炽灯作为光源且必须能自动转换。

③ 备用照明是在正常照明电源发生故障(时间不大于5s)时，为确保正常活动继续进行而设置的应急照明。在下述地点应设置备用照明：地铁车站、地下车库、大中型地下商场，无人值班的变电站、炼钢炉、精密加工车间，不进行及时操作或处置可能造成爆炸、火灾及中毒等事故的场所，化工、石油生产不进行及时操作或处置将造成生产流程混乱或加工处理的贵重部件遭受损坏的场所，可能造成严重经济损失的场所(如交通枢纽、重要的动力供应站等)，照明熄灭将妨碍消防救援工作进行的场所(如消防控制室、应急发电机房等)，重要的地下建筑因照明熄灭将无法工作和活动的场所。

2. 值班照明

非工作时间，为值班观察设置的照明。

3. 警卫照明

用于警戒而安装的照明。核电厂、火电厂、变电站保护区周界应设置警卫照明。

4. 障碍照明

在可能危及航行安全的建筑物、构筑物上安装的标志灯；为确保夜行安全，在机场、较高的建筑物及船舶航道两侧的建筑物设施上设置的照明。障碍照明应选用穿透雾能力强的红光灯具。

7.2　照明设备的选择与安装要求

一、常用的各种光源介绍

1. 白炽灯

白炽灯结构简单，使用方便，价格便宜；缺点是效率低，使用寿命较短。白炽灯适用于照度要求较低，开关次数频繁的室内外场所。白炽灯如图 7.5 所示。

2. 碘钨灯

碘钨灯效率高于白炽灯，光色好，使用寿命较长；缺点是灯座温度高，安装要求高，光纤偏角不得大于4°，价格贵。碘钨灯原理类似于白炽灯，灯泡内充满碘蒸汽。碘钨灯适用于照度要求较高，悬挂位置较高的室内外照明，常用于电影拍摄和舞台、广场、大型车间、机场、港口等场所。电视台记者拍摄电视新闻时手里举着的那种很亮的光源，就是碘钨灯。碘钨灯如图7.6所示。

图7.5 白炽灯

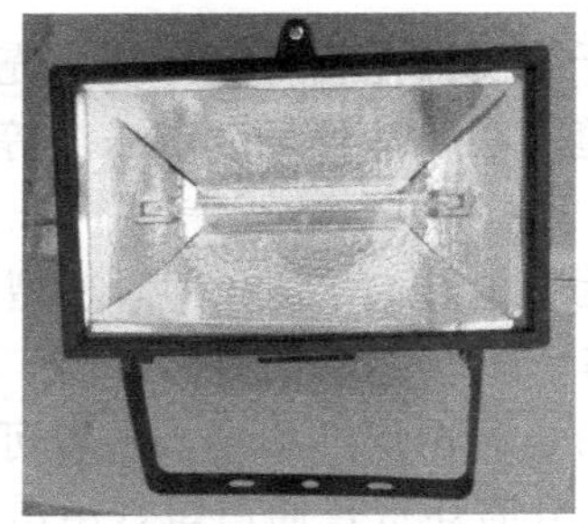

图7.6 碘钨灯

3. 日光灯

日光灯的效率高，发光表面温度低；缺点是功率因数低，需要使用镇流器、启动器等附件。日光灯适用于照度要求较高，需辨别色彩的室内照明，常用于宾馆、医院、图书馆等亮度要求较高的场合，商店橱窗、广告等色彩绚丽的场合常用彩色日光灯。日光灯如图7.7所示。

4. 高压汞灯

高压汞灯也称为高压水银灯，它是利用高压水银蒸气放电发光的一种气体放电灯。高压汞灯发光效率高，耐震动，使用寿命长；缺点是功率因数低，需要镇流器，启动时间长，所发的光中紫外线较多，在密闭空间打开灯管时要做好排风(因灯管会发出对人体有害的臭氧)。高压汞灯适用于悬挂高度较高的大面积室内外照明，也常用于高级显微镜(如荧光显微镜)中。高压汞灯如图7.8所示。

图7.7 日光灯

图7.8 高压汞灯

5. 氙灯

日光灯功率受限，功率一般为5～100W，而氙灯功率可以达到一万瓦到几十万瓦，一盏5万瓦的氙灯发出的光相当于1000盏100瓦的日光灯或90盏400瓦的高压汞灯发出的光。氙灯适用于大型工地、露天煤矿、机场等大面积的场所。氙灯内因为充有高压气体，所以装卸运输时要避免碰撞，工作时要置于散热良好的罩内，以防爆炸及强光、强紫外线灼伤皮肤和眼睛。球形氙灯如图7.9所示。

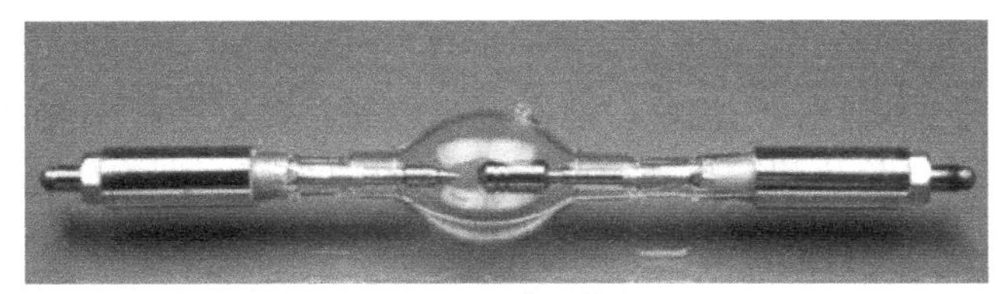

图 7.9 球形氙灯

6. 钠铊铟灯

钠铊铟灯属于金属卤化物灯，灯管内充满碘化钠，主要用于道路照明，也广泛应用于工业厂房、展览中心、体育场、游乐场等场所。钠铊铟灯如图 7.10 所示。

7. 节能灯

节能灯又称为省电灯泡，是一种紧凑型、自带镇流器的日光灯。节能灯发光效率高，寿命是白炽灯的 6～10 倍；缺点是启动慢，不宜用于配色场所。节能灯的尺寸与白炽灯相近，灯座的接口也和白炽灯相同，所以可以直接代替白炽灯。这种光源在达到同样光能输出的前提下，只需耗费普通白炽灯用电量的 1/5 至 1/4，从而可以节约大量的照明电能和费用，因此被称为节能灯。节能灯适用于室内外、工厂、建筑工地、车站、码头等场所。节能灯如图 7.11 所示。

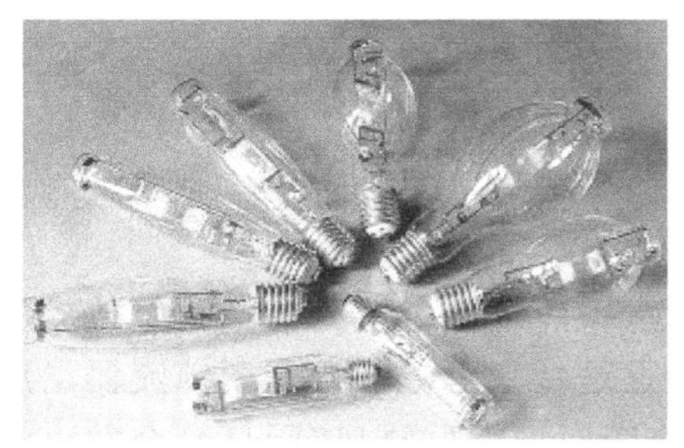

图 7.10 钠铊铟灯

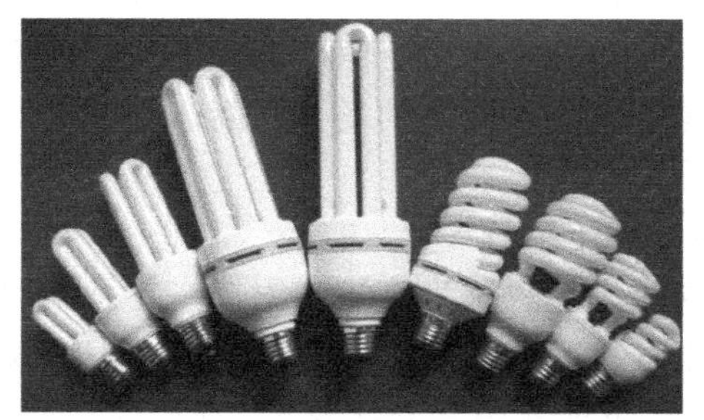

图 7.11 节能灯

二、光源的选择

选择照明光源应考虑各种光源的优缺点、使用场所、额定电压以及照度的需要。在需要分辨色彩的场所还应考虑光源的色温。

办公室、控制室、配电室等高度较低的房间宜采用传统型日光灯（细管径直管形的日光灯）、紧凑型日光灯（灯管、镇流器、灯头连成一体，无法拆卸的日光灯）或发光二极管（LED 灯）。

比较高的工业厂房可以按需要采用金属卤化物灯（如钠铊铟灯）、高压钠灯或无极日光灯。无极日光灯取消了传统日光灯的灯丝和电极，利用电磁耦合的原理，使汞原子从原始状态变成激发态，其发光原理和传统日光灯相似，在工作过程中不使用传统的灯丝或电极，避免了传统光源的电极损耗问题，从而提高了整个照明系统的使用寿命。

一般照明场所不宜采用卤素灯（如碘钨灯）、荧光高压汞灯。

除对电磁干扰有严格要求且其他光源无法满足要求的特殊场所外，室内外照明不应采用普通白炽灯。

三、照明灯具接线

1. 白炽灯接线

安装白炽灯时，应注意其灯头的形式，螺口式或插口式白炽灯应有配套的灯座。螺口式和插口式灯座分别如图 7.12 的左图和右图所示。

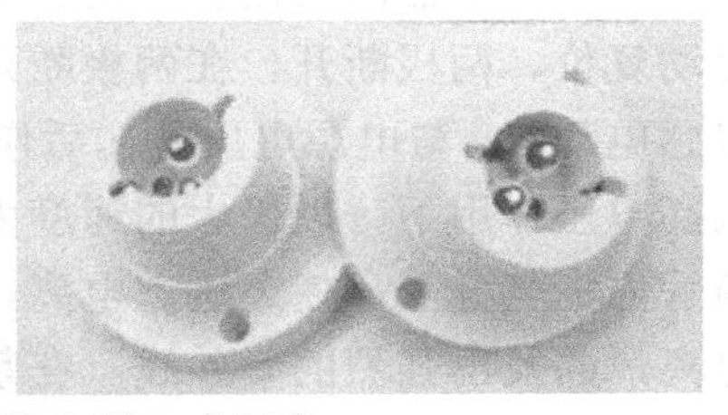

图 7.12 螺口式灯座和插口式灯座

应特别注意的是，螺口式灯头的灯丝的一端焊接在灯头尾部中心，另一端焊接在灯头的金属螺旋上，所以安装螺口式白炽灯时，应首先用验电笔验出进户线中哪一根是相线(以下称为火线)，哪一根是中性线(以下称为零线)。若使用拉线开关控制该白炽灯，必须将拉线开关装在火线上，这样当关掉开关后，灯泡不带电，比较安全。

对白炽灯的灯座接线时，对于螺口灯座应注意把火线接在与灯座内中部的舌片相通的那个接线柱上，零线接在与螺口金属部分相通的接线柱上，以免开关断线后，螺口金属部分仍带电。白炽灯与灯座的火线与零线如图 7.13 所示。

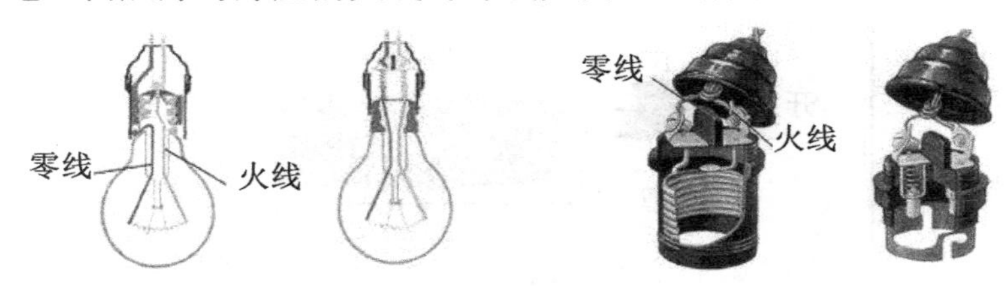

图 7.13 白炽灯与灯座的火线与零线

2. 日光灯接线

日光灯电路和启动器的结构如图 7.14 所示。启动器是一个充有氖气的小氖泡，里面装有两个电极，一个是静触片，一个是由两个膨胀系数不同的金属制成的 U 型动触片(双层金属片，当温度升高时，因内层金属片膨胀系数比外层金属片膨胀系数高，所以动触片在受热后会向外伸展)。

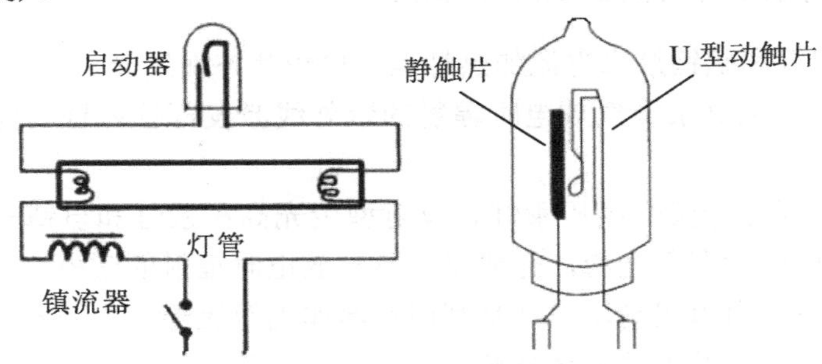

图 7.14 日光灯电路和启动器结构

当接通开关时，电源电压立即通过镇流器和灯管灯丝加到启动器的两极上。220V 的电压立即使启动器的惰性气体电离，产生辉光放电，放电的热量使双金属片受热膨胀，U 型动触片膨胀伸长，和静触片接通，于是镇流器线圈和灯管中的灯丝就有电流通过。电流通过镇流器、启动器触片和两端灯丝构成通路。灯丝很快被电流加热，发射出大量电子。这时，由于启动器两极闭合，两极间电压为零，辉光放电消失，管内温度降低，双金属片自动复位，两极断开。在两极断开的瞬间，电路中的电流突然切断，镇流器产生很大的自感电动势，与电源电压叠加后作用于灯管两端。灯丝受热时发射出大量电子，在灯管两端高电压作用下，以极大的速度由低电势端向高电势端运动。在加速运动的过程中，碰撞管内氩气分子，使之迅速电离。氩气电离生热，热量使汞产生蒸气，接着汞蒸气也被电离，并发出强烈的紫外线。在紫外线的激发下，管壁内的荧光粉发出近乎白色的可见光。

日光灯正常发光后，由于交流电不断通过镇流器的线圈，线圈中产生自感电动势，自感电动势阻碍线圈中的电流变化，起到降压限流的作用，使电流稳定在灯管的额定电流范围内，灯管两端电压也稳定在额定工作电压范围内。由于这个电压低于启动器的电离电压，所以并联在两端的启动器也就不再起作用了。

日光灯电路实物接线如图 7.15 所示。

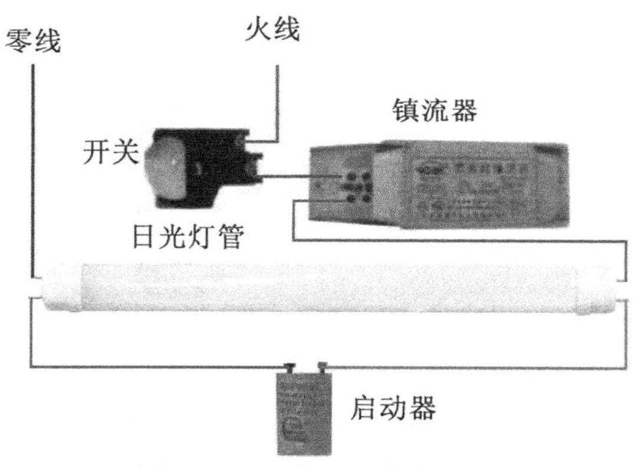

图 7.15　日光灯电路实物接线

四、常用照明电光源的工作原理

① 白炽灯和碘钨灯靠电流加热灯丝至白炽状态而发光。

② 日光灯依靠汞蒸气放电时辐射的紫外线激发灯管内壁的荧光物质，使之发出可见光。

③ 高压汞灯分荧光高压汞灯、反射型荧光高压汞灯和自镇式高压汞灯三种。这类灯的外玻壳内壁涂有荧光粉，它能将汞蒸气放电时辐射的紫外线转变为可见光，改善光色，提高光效。自镇式高压汞灯是利用钨丝作为镇流器，由汞蒸气、白炽体和荧光材料三种发光物质同时发光的复合光源。

④ 高压钠灯利用高压钠蒸气放电，其辐射光的波长集中在人眼感受较灵敏的范围

内，紫外线辐射少，光效高，寿命长，透雾性好。

⑤ 金属卤化物灯在高压汞灯内添加了某些金属卤化物，从而改善了光色。用不同的金属卤化物可制成不同光色的灯。

⑥ 高压氙灯在氙气放电时产生很强的白光，和太阳光十分相似。饱和的氙气放电具有上升的伏安特性，因此正常工作时可不用镇流器，但为提高电弧的稳定性和改善启动性能，1500W 的氙灯仍使用镇流器。

五、按环境条件与生产要求选择灯具

1. 干燥场所

广泛采用配照型、广照型、深照型灯具，个别冷加工场所可采用碘钨灯或日光灯。对 13m 以上较高的厂房可考虑采用镜面深照型灯具。一些辅助设施场所，如控制室、操作室等可考虑采用圆球形工厂灯、乳白玻璃罩吊链灯、吸顶灯、天棚顶灯、软线吊灯和日光灯等。一般反射背影较好的小房间，如变压器室、电抗室等可采用墙灯。

2. 尘埃较多或有尘且潮湿的场所

应采用各种防水、防尘灯具，若灯具悬挂很高，可采用带防水灯头的配照型、深照型以及投光灯具等。

有尘埃但工作要求精密的场所，如木模型车间等，可采用双罩型工厂灯、圆球形工厂灯，或采用接磨砂灯泡的防水灯头灯座。

3. 潮湿场所

地下泵房、隧道或地沟等场所，应视具体情况采用各种防潮灯。如有水蒸气，但水蒸气密度不大的场所，可采用散照型防水防尘灯或圆球形工厂灯，也可采用带防水灯头的开启式灯具或防水灯头灯座等。

如果水蒸气特别大，宜采用投光灯远照或带反射罩灯具，采用装在密封玻璃板的墙孔内等其他安全方式。

4. 含有酸性气体的场所

采用耐腐蚀性的防潮灯或其他密闭灯具，如果厂房较高，而耐腐蚀性的防潮灯不能满足工作照度要求时，亦可采用带防水灯头的配照型或深照型灯具。

5. 有爆炸性气体或爆炸性尘埃的场所

如煤气站、机械房、蓄电池室等场所，宜采用隔爆型灯具，或采用装在加密封玻璃板的墙孔内的带反射罩灯具。

6. 高温场所

温度较高的场所，如炼铁车间出铁场、炼钢车间、铸锭车间等，宜采用投光灯斜照或与其他灯具配合。

7. 易发生火灾危险的场所

如油库或有其他可燃性物质的场所，宜采用密闭型灯具。

8. 局部加强照明的场所

应按具体场所确定。一般仪表盘、控制盘的照明，宜采用斜照型工厂灯、圆球形工厂灯或日光灯等；小面积检验场所等可采用日光灯、碘钨灯、工作台灯或其他局部照明灯具。大面积检验场所可采用投光灯、碘钨灯等。

9. 室外场所

一般道路可采用马路弯灯，较宽的道路及要道处等可采用高杆式路灯或其他类型的路灯。

10. 生活用电场所

采用的灯具应按照使用要求进行选择，一般采用软线吊灯、日光灯、吸顶灯等。

六、照明设备安装要求

① 一般照明电源对地电压不应大于250V。在危险性较大的场所，如灯具离地面高度低于2.5m时，应有保护措施或使用安全电压为36V及以下的照明灯具。

② 室外照明灯具安装高度不低于3m(在墙上安装应不低于2.5m)，所使用灯具要考虑防雨要求。

③ 使用螺口灯头时，中心触点应接在火线上，灯头的绝缘外壳不应有损伤，螺口白炽灯泡金属部分不准外露。

④ 吊链灯具的灯线不应受灯具拉力，以防止脱落发生事故。灯线与吊链应交叉编织在一起，软线吊灯的软线两端应设置保险扣，桥式天车行车上的照明灯应采用挂钩柔性连接；采用钢管作灯具的吊杆时，钢管的内径一般不应小于10mm。吊灯灯具的质量超过3kg时，应预埋吊钩和螺栓；软线吊灯质量限于1kg以下，超过者应加吊链。

⑤ 金属卤化物灯(钠铊铟灯、镝灯等)及碘钨灯点亮后，温度较高，灯具安装高度宜在5m以上，且周围不能有易燃品，电源线应经接线柱连接，不得使电源线靠近灯具表面。由于灯的温度过高，在使用中玻璃罩常有破裂现象发生，为确保安全，安装在重要场所的大型灯具的玻璃罩，应有防止碎裂后向下溅落的措施。有较大冲击震动的厂房，灯具要有防脱落措施。

⑥ 在易燃、易爆、潮湿及产生腐蚀性气体的场所使用的照明装置应符合其特殊的要求。

⑦ 各种照明灯具的聚光装置必须安全合格，不得使用易燃物或金属片代替，更不准在灯口处捆绑金属丝。

⑧ 应接地(或接零)的灯具金属外壳，要与接地(或接零)干线完好连接。

⑨ 密闭式灯具内，灯泡功率超过150W时，禁止使用胶木灯口。

⑩ 行灯、机床和工作台局部照明灯具安全电压不得超过36V，金属容器内或特别潮湿的地点，灯具的安全电压不得超过12V。

⑪ 行灯必须带绝缘手柄及金属保护网罩，采用瓷灯口、橡胶套线。事故照明灯具应有特殊标志。

⑫ 照明支路电流不应大于15A，并且要有短路保护装置，每个照明支路的灯具数量(包括插座)不宜超过20个，最高负载在10A以下时，可增加到25个。当电源为三相供

电时，各照明支线应尽可能达到平衡，并按负载最大的一相考虑，选用导线。装饰灯要考虑使用发热量小的。

⑬ 用梯子维护的照明灯具安装位置离地面一般不应高于 6m。

⑭ 变配电所内高、低压盘及母线的正上方不得安装灯具(不包括采用封闭母线和封闭式盘、柜的变电所)。

七、照明开关和插座的安装要求

照明开关种类很多，选择时应从实用、质量、美观、价格等几个方面考虑。常用的开关有跷板开关、拉线开关等，还有节能型开关，如触摸延时开关、声光控延时开关等。

安装开关时应注意以下几点。

① 跷扳开关距地面高度一般为 1.2～1.4m，与门框应相距 0.15～0.2m。

② 拉线开关距地面高度一般为 2.2～2.8m，与门框应相距 0.15～0.2m。

③ 在易燃、易爆等特别场所，开关应分别采用防爆型、密闭型，或安装在其他处所进行控制。多尘潮湿场所和户外应使用防水瓷质拉线开关或加装保护箱。

④ 暗装的开关及插座应牢固装在开关盒内，开关盒应有完整的盖板。密闭式开关的保险丝不得外露，距地面的高度为 1.4m。

⑤ 仓库的电源开关应安装在室外。

插座有单相二孔、单相三孔和三相四孔几种，其电流容量对民用建筑来说，有 10A、16A。插座接线时应按照“左零、右火、上接地”的原则接线，不能接错。

安装插座时应注意以下几点。

① 不同电压的插座应有明显的区别，不得互相代替。

② 凡是携带式或移动式电器用的插座，单相应用三孔插座，三相应用四孔插座，其接地孔应与接地线或零线接牢。

③ 车间和实验室的插座和地面距离不得低于 0.3m，特殊场所暗装的插座不得低于 0.15m，儿童活动场所应使用安全插座，与地面距离不得低于 1.8m。

7.3 照明电路故障的检修

照明电路常见的故障主要有断路、短路和漏电三种。

一、断路

产生断路的原因主要是熔体熔断、线头松脱、断线、开关没接通、铝线接头被腐蚀等。

如果同一条电路上的一盏灯不亮而其他灯都亮，应首先检查这个灯是否已坏。若未坏，则应检查开关和灯头是否接触不良、有无断线等。为了尽快查出故障点，可用试电笔检测灯座的两极是否有电，若两极都不亮说明火线断路；若两极都亮，说明零线断路；

若一极亮一极不亮，说明灯丝未接通。对于日光灯来说，还应对它的启动器进行检查。

如果同一条电路上的几盏灯都不亮，应首先检查总保险是否熔断。也可按上述方法用试电笔判断故障点在总火线上还是在总零线上。

二、短路

造成短路的原因大致有以下几种。

① 用电器具接线不好，以致接头碰在一起。

② 灯座或开关进水，螺口灯头内部松动或灯座顶芯歪斜，造成内部短路。

③ 导线绝缘外皮损坏或老化损坏，并在零线和火线的绝缘处碰线。

发生短路故障时，会出现打火现象，并引起短路保护动作(熔体烧断)。当发现短路打火或熔体烧断时，应先检查发生短路的原因，找出短路故障点并进行处理后，再更换熔体或熔断器，恢复送电。

三、漏电

火线绝缘损坏而接地，用电设备内部绝缘损坏使外壳带电等原因，均会造成漏电。漏电不但造成电力浪费，还会造成人身触电伤亡事故。

一般采用漏电开关作为漏电保护器。当漏电电流超过整定电流值时，漏电保护器动作，切断电路。若发现漏电保护器动作，应查出漏电接地点并进行绝缘处理后再通电。

照明线路的接地点多发生在穿墙部位和靠近墙壁或天花板等部位。查找接地点时，应注意查找这些部位。

漏电查找方法如下。

① 首先判断是否漏电。可用绝缘电阻表摇测，看其绝缘电阻值的大小，或在被检查建筑物的总刀闸上接一只电流表，接通全部电灯开关，取下所有灯泡，进行仔细观察。若电流表指针摆动，则说明漏电。指针偏转大小，取决于电流表灵敏度和漏电电流大小。若偏转大则说明漏电大。确定漏电后可按下一步继续进行检查。

② 判断是火线与零线之间漏电，还是火线与大地之间漏电，或两种情况都存在。以接入电流表检查为例，切断零线，观察电流的变化，若电流表指示的值不变，则是火线与大地之间漏电；若电流表指示的值为零，则是火线与零线之间漏电；若电流表指示的值变小但不为零，则表明火线与零线、火线与大地之间均有漏电。

③ 确定漏电范围。取下分路熔断器或拉下开关刀闸，电流表指示的值若不变化，则表明是总线漏电；若电流表指示的值为零，则表明是分路漏电；若电流表指示的值变小但不为零，则表明总线与分路均有漏电。

④ 找出漏电点。按前面介绍的方法确定漏电的分路或某一段线路后，依次拉断该线路灯具的开关，当拉断某一开关时，若电流表指示的值回零，则表示这一分支线漏电；若电流表指示的值变小，则表示除该分支漏电外还有其他地方漏电；若所有灯具开关都拉断后，电流表指示的值仍不变，则说明是该段干线漏电。

依照上述方法逐渐把故障范围缩小到一个较短线路后，便可进一步检查这段线路的接头以及电线穿墙处等是否漏电。当找到漏电点后，应及时进行处理。

四、事故案例

1. 触电事故概述

某建筑公司为某化工厂新建一座仓库。一天傍晚，仓库新抹了水泥地面。工长安排瓦工王某某和另一名工人半夜为新抹的水泥地面"压光"。为晚上工作需要，电工在现场临时架设照明线。照明灯安在一根木棍上，木棍依在铁丝上。"压光"时采用倒退方法施工，当王某某退到临时照明灯处时，为防止灯头晃动撞碎灯泡，就左手握住灯头，右手拿起木棍向后移动照明线。当他抓住灯头时，大喊一声即触电倒下。另一名工人听到喊声，看到王某某手握灯头倒在地上，遂将电源切断，喊来其他人救助，把王某某背送到医院。到医院时，王某某已经死亡。

2. 原因分析

① 电工在架设照明线路时，错误地将火线接在灯头的螺口上。灯泡和灯头配合不好，灯泡的一部分螺纹露在外面，送电后，灯头有裸露的带电部分。

② 照明灯安装架设不符合要求，灯的高度只有1.5m，伸手就可握住。

③ 王某某不了解安全常识，站在潮湿的地面上，用湿手去抓握灯头。

④ 触电后，没有就地正确实施抢救，半夜送往路途较远的医院，耽误了抢救时间。

3. 事故教训与防范措施

照明灯接线虽然不复杂，但每年因此触电的人不少。主要原因是照明灯线路未按规定要求安装，特别是各种临时照明。在照明设备上触电的人大多是不懂电气安全常识的人。有人误认为，开关已经切断，灯头肯定没电，或者认为灯泡不亮，灯头就没电。有人认为照明灯和照明线路简单，每个人都能对它们进行操作。还有人是在潮湿情况下摆弄灯头导致触电。

分析本事故，总结出以下防范措施。

① 安装照明灯时，单极开关必须控制火线；火线必须接在灯头的弹簧舌片上，较危险场所的照明灯应采用双极开关控制。

② 在潮湿等危险情况下的局部照明或移动灯，应采用安全电压供电，一般情况下应安装高灵敏度的漏电保护器进行保护。

③ 加强安全教育，不懂电气安全常识的人，不能随意摆弄灯头。

习 题

一、单选题

1. 日光灯属于( )光源。
   A. 气体放电　　B. 热辐射　　C. 生物放电
2. 照明系统的每一单相回路上，灯具与插座的数量不宜超过( )个。
   A. 20　　B. 25　　C. 30
3. 安全照明一般采用( )。
   A. 日光灯　　B. 白炽灯　　C. 高压汞灯
4. 螺口灯头的螺纹应与( )相接。
   A. 火线　　B. 零线　　C. 地线
5. 每一照明(包括风扇)支路总容量一般不大于( )。
   A. 2kW　　B. 3kW　　C. 4kW
6. 下列灯具中功率因数最高的是( )。
   A. 节能灯　　B. 白炽灯　　C. 日光灯
7. 单相三孔插座的上孔应接( )。
   A. 零线　　B. 火线　　C. 地线
8. 安装在墙面上的开关距离地面的高度为( )。
   A. 1.3 m　　B. 1.5 m　　C. 2 m
9. 一般照明线路，优先选用( )的电源。
   A. 380V　　B. 220V　　C. 36V
10. 碘钨灯属于( )光源。
    A. 气体放电　　B. 电弧　　C. 热辐射
11. 检验一般照明线路有电还是无电的方法是( )。
    A. 用摇表测量　　B. 用电笔检验　　C. 用电流表测量
12. 一般照明场所的线路允许的电压损失为额定电压的( )。
    A. ±5%　　B. ±10%　　C. ±15%
13. 在检查插座时，如果电笔插在插座的两个孔均不亮，首先的判断是( )。
    A. 火线断线　　B. 短路　　C. 零线短接
14. 下列现象中，可判定接触不良的是( )。
    A. 灯泡忽明忽暗　　B. 日光灯启动困难　　C. 灯泡不亮
15. 暗装的开关及插座应有( )。
    A. 明显标志　　B. 盖板　　C. 警示标志

二、判断题

1. 吊灯安装在桌子上方时，与桌子的垂直距离应不少于 1.5m。（ ）

2. 日光灯点亮后，镇流器起降压限流作用。（ ）

3. 用于安全照明的设备不允许和其他照明设备共用同一线路。（ ）

4. 路灯的各回路应有保护，每一灯具宜单独设熔断器。（ ）

5. 高压汞灯的电压比较高，所以称其为高压汞灯。（ ）

6. 当安装的灯具达不到最小高度时，应采用 24V 以下的电压。（ ）

7. 对于螺口灯座，应将灯座的螺旋铜圈极与市电的零线相接，火线与灯座中心铜极相接。（ ）

8. 插座在使用时，可以将电线线头直接插入插座。（ ）

9. 插座所在的线路中，如需要装熔断器，应把它装在火线上。（ ）

10. 单相两孔插座主要用于连接小型电器，设有地线连接端。（ ）

11. 照明线路中，开关及熔断器必须与电路的火线相连。（ ）

12. 螺口灯泡的螺旋应套接在火线上。（ ）

13. 选用白炽灯时，其额定电压要与所接电源电压一致。（ ）

第8章

电力电容器

电力电容器是用于电气系统的电容器。把任意两块金属导体，中间用绝缘介质隔开，即构成一个电容器。电容器电容的大小，由其几何尺寸和两极板间绝缘介质的特性决定。当电容器在交流电压下使用时，常以其无功功率表示电容器的容量，单位为乏或千乏。

8.1 电力电容器简介

一、电力电容器的分类

按安装方式区分，电力电容器可分为户内式和户外式两种；按运行的额定电压区分，电力电容器可分为低压和高压两种；按相数区分，电力电容器可分为单相和三相两种，除低压并联电容器外，其余均为单相；按外壳材料区分，电力电容器可分为金属外壳、瓷绝缘外壳、胶木筒外壳三种。

下面主要按用途对电力电容器(以下简称为电容器)进行分类。

1. 并联电容器

并联电容器也称为移相电容器，主要用来补偿电气系统感性负荷的无功功率，以提高功率因数，改善电压质量，降低线路损耗。单相并联电容器主要由电容芯子(由若干元件、绝缘件和紧固件经过压装而组成)、外壳和出线端等几部分组成。电容器的引线经串联或并联后引至出线瓷套管下端的出线连接片。出线端由出线套管、出线连接片等元件组成。电容器的金属外壳用密封的钢板焊接而成，外壳上装有出线绝缘套管、吊攀和接地螺钉，外壳内充以绝缘介质油。低压并联电容器的实物如图 8.1 所示，高压并联电容器的实物如图 8.2 所示。

图 8.1　低压并联电容器

图 8.2　高压并联电容器

并联电容器并联在系统的母线上，类似于系统母线上的一个容性负荷，它吸收系统的容性无功功率，这就相当于并联电容器向系统发出感性无功。因此，并联电容器能向系统提供感性无功功率，提高系统的功率因数和受电端母线的电压水平，同时，它能减少线路上感性无功的输送，减少电压和功率损耗，因而能提高线路的输电能力。

2. 串联电容器

串联电容器串联在工频高压的输、配电线路中，用来补偿线路的分布感抗，提高系统的静、动态稳定性，改善线路的电压质量，加长送电距离和增大输电能力。串联电容器的基本结构与并联电容器相似，串联电容器的实物，如图 8.3 所示。

串联电容器串联在线路中，它的主要作用如下。

① 提高线路末端电压。串联在线路中的电容器，利用其容抗补偿线路的感抗，减少线路的电压降，从而提高线路末端(受电端)的电压，最大可将线路末端的电压提高 10%～20%。

② 降低受电端电压波动。当线路受电端接有变化很大的冲击负荷(如电弧炉、电焊机等)时，串联电容器能消除电压的剧烈波动。这是因为串联电容器在线路中对电压降落的补偿作用会随着通过电容器的负荷而变化，它具有随负荷变化而瞬时调节的性能，因此能自动维持负荷端(受电端)的电压值。

③ 提高线路输电能力。由于线路中串联了电容器的补偿电抗，线路的电压降落和功率损耗减少，因此能提高线路的输电能力。

④ 改善系统功率分布。在闭合网络中的某些线路上串联一些电容器，能部分改变线路电抗，使电流按指定的线路流动，从而达到功率经济分布的目的。

⑤ 提高系统的稳定性。线路中串联电容器后，能提高线路的输电能力，这本身就提高了系统的静稳定性。当线路出现故障被部分切除时(如双回路被切除一条回路、单回路单相接地切除一相)，系统等效电抗急剧增加，此时，串联电容器将强行补偿，即短时强行改变电容器串、并联数量，临时增加容抗，减少系统总的等效电抗，提高输电的极限功率，从而提高系统的稳定性。

3. 耦合电容器

耦合电容器主要用于高压电气线路的高频通信，在测量、控制、保护及抽取电能的装置中作为部件使用，耦合电容器实物如图 8.4 所示。

图 8.3 串联电容器

图 8.4 耦合电容器

4. 断路器电容器

断路器电容器原名称为均压电容器，并联在超高压断路器的断口上起均压作用，使各断口间的电压在分断过程中断开时均匀，并可改善断路器的灭弧特性，提高分断能力，断路器电容器实物如图 8.5 所示。

5. 电热电容器

用在频率为 40～24000 赫兹的电热设备系统中，以提高功率因数，改善回路的电压或频率等特性，电热电容器实物如图 8.6 所示。

6. 脉冲电容器

脉冲电容器主要起储能作用，在较长的时间内由功率不大的电源充电，然后在很短的时间内振荡或不振荡地放电，因此可得到很大的冲击功率，脉冲电容器实物如图 8.7 所示。

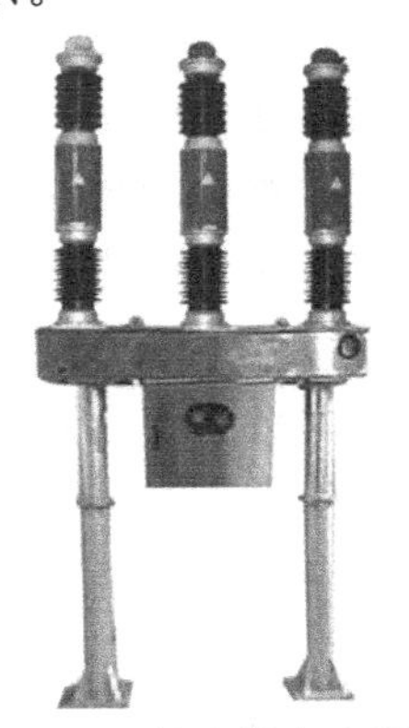
图 8.5 断路器电容器

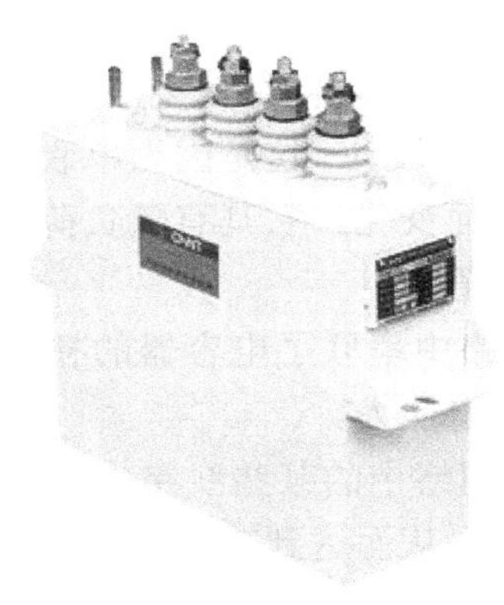
图 8.6 电热电容器

图 8.7 脉冲电容器

7. 直流滤波电容器

直流滤波电容器用于直流滤波，例如用于风力发电、太阳能发电、高压变频器、电力机车、地铁、轻轨、焊接机、电梯的电路中，直流滤波电容器实物如图 8.8 所示。

8. 标准电容器

标准电容器作为标准电容或用作测量高电压的电容分压装置，用于工频高压测量介质损耗回路中，标准电容器实物如图 8.9 所示。

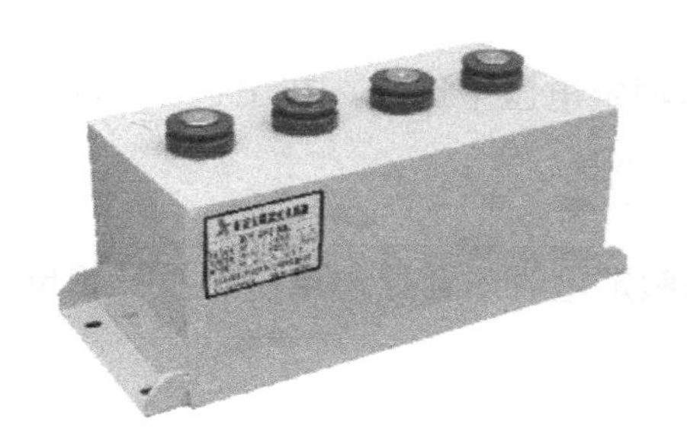

图 8.8 直流滤波电容器

图 8.9 标准电容器

二、电容器的无功补偿作用

无功功率是一种不做功，但在电网中会引起损耗，而且不能缺少的一种功率。在实际电气系统中，异步电动机作为传统的主要负荷使电网产生感性无功电流；电子装置大多数功率因数都很低，导致电网中出现大量的无功电流。无功电流产生无功功率，给电网带来额外负担且影响供电质量。因此，无功功率补偿(以下简称为无功补偿)就成为保持电网高质量运行的一种主要手段。

电气线路中，无论是工业负荷还是民用负荷，大多数为感性负荷。所有电感负荷均需要补偿大量的无功功率，有两种途径提供这些无功功率：一是由输电系统提供，二是由补偿电容器提供。如果由输电系统提供，则设计输电系统时，既要考虑有功功率，也要考虑无功功率。由输电系统传输无功功率，将增加输电线路及变压器损耗，降低系统的经济效益；而由补偿电容器就地提供无功功率，则可以避免输电系统传输无功功率，从而降低无功损耗，提高系统的传输功率。

8.2 电容器的运行维护

一、电容器运行时的相关参数

1. 温度

可以在电容器外壳上粘贴示温蜡片监控电容器的温度，厂家如果对电容器温度没给出规定，则电容器的温度一般应控制在-40～40℃。

运行中电容器温度异常升高的原因如下。

① 运行电压过高。

② 谐波影响(容抗小、电流大)。

③ 合闸涌流(频繁开断电路)。

④ 散热条件恶化。

2. 电压

应在额定电压下运行，也允许在 1.05 倍额定电压下运行，在 1.1 倍额定电压下的运行时间不得超过 4 小时。

3. 电流

应在额定电流下运行，也允许在 1.3 倍额定电流下运行，电容器组三相电流的差别不应超过±5%。

二、电容器的搬运和安装

1. 电容器的搬运

① 若要将电容器搬运到较远的地方，应装箱后再运。装箱时电容器的套管应向上直立，电容器之间及电容器与木箱之间应垫松软物体。

② 搬运电容器时，应使用外壳两侧壁上所焊的吊环，严禁用双手抓电容器的套管搬运。

③ 不允许将一台电容器直接置于另一台电容器的外壳上。

2. 安装电容器的环境要求

① 电容器应安装在无腐蚀性气体，无蒸气，没有剧烈震动、冲击、爆炸、易燃等危险的场所。电容器室的防火等级不低于二级。

② 装在户外的电容器应防止日光直接照射。

③ 电容器室的环境温度应满足制造厂家规定的要求，一般规定为不超过 40℃。

④ 在电容器室装设通风机时，进风口要面向本地区夏季的主要风向方向，出风口应安装在电容器组的上端，宜在对角线位置安装进、排风机。

⑤ 电容器室可采用天然采光，也可用人工照明，不需要装设采暖装置。

⑥ 高压电容器室的门应向外开。

3. 安装电容器的技术要求

① 为了节省安装面积，高压电容器可以分层安装于铁架上，但垂直放置不得多于三层，层与层之间不得装设水平层间隔板，以保证散热良好。上、中、下三层电容器的安装位置要一致，铭牌向外。

② 安装高压电容器的铁架应成一排或两排布置，排与排之间应留有巡视检查的走道，走道宽度不小于 1.5m。

③ 安装高压电容器组的铁架必须设置铁丝网遮拦，铁丝网的网孔面积以 3～4cm^2 为宜。

④ 高压电容器外壳之间的距离应不小于 10cm；低压电容器外壳之间的距离应不小于 5cm。

⑤ 高压电容器室内，上、下层之间的净距离应不小于 0.2m，下层电容器底部与地面的距离应不小于 0.3m。

⑥ 每台电容器与母线应采用单独的软线相连，不要采用硬母线连接的方式，以免安装或运行过程中对瓷套管产生应力，造成漏油或损坏。

⑦ 安装时，电容器回路和接地部分的接触面要良好。因为电容器回路中的任何不良

接触，均可能产生高频振荡电弧，造成电容器的工作电场强度增高和发热损坏。

三、电容器的接线

三相电容器内部多为三角形接线。为获得良好的补偿效果，在连接电容器时，应将电容器分成若干组后再分别接到电容器母线上。每组电容器应能分别控制、保护和放电。电容器的接线方式(补偿方式)分为低压分散(或就地)补偿、低压集中补偿、高压补偿几种。

四、操作电容器时的注意事项

① 正常情况下，进行停电操作时，应先拉开电容器短路器，后拉开各出线断路器；恢复送电时，顺序相反。

② 发生事故，全部停电后，必须将电容器的断路器拉开。

③ 并联电容器组断路器跳闸后，不准强行送电；熔体熔断后，未查明原因前，不准更换熔体送电。更换熔体时，应对电容器放电。

④ 对并联电容器组，禁止带电荷合闸；再次合闸时，必须在分闸 3 分钟后进行。

五、电容器的安全运行

电容器应在额定电压下运行。如暂时不可能，可允许在超过额定电压 5%的范围内运行；当超过额定电压 1.1 倍时，只允许短时间运行，长时间出现过电压情况时，应设法消除。

电容器应维持在三相平衡的额定电流下工作，如暂时不可能，则不允许在超过 1.3 倍额定电流下长期工作，以确保电容器的使用寿命。安装电容器组地点的环境温度不得超过 40℃，24 小时内平均温度不得超过 30℃，一年内平均温度不得超过 20℃。电容器外壳温度不宜超过 60℃。如发现超过上述要求时，应采用人工冷却，必要时将电容器组与线路断开。

六、电容器的保护

① 配备完善的保护装置:容量在 100kV 以下时,可用跌落式保险保护;容量在 100～300kV 时，采用负荷开关；容量在 300kV 以上时，采用断路器保护。

② 用合适的避雷器进行保护。

③ 应安装放电装置：对于高压用电压互感器，低压用自放电电阻或白炽灯，要求高压在 5 分钟、低压在 1 分钟内将电容器电压降到 65V 以下。每个电容器上要安装单独的熔断器，熔断器的额定电流应按熔体的特性和接通时的电流选定，一般为 1.5～2 倍电容器的额定电流。

对电容器不允许装设自动重合闸装置。主要是因为电容器放电需要一定时间，当电容器组的开关跳闸后，如果马上重新合闸，电容器来不及放电，在电容器中就可能残存与重新合闸时电压极性相反的电荷，这将使合闸的瞬间产生很大的冲击电流，从而造成电容器外壳膨胀、喷油甚至爆炸。

七、电容器日常巡视检查的主要内容

① 监视运行电压、电流、温度。

② 查看外壳有无膨胀、渗漏油，附属设备是否完好。

③ 听内部有无异音。

④ 查看熔体是否熔断，放电装置是否良好，放电指示灯是否熄灭。

⑤ 查看各处的接点有无发热及小火花放电。

⑥ 查看套管是否清洁完整，有无裂纹、闪络放电现象。

⑦ 查看引线连接处有无松动、脱落或断线，母线各处有无烧伤、过热现象。

⑧ 观察室内通风、外壳接地线是否良好。

⑨ 观察电容器组继电保护运行情况。

八、电容器运行中的故障处理

① 当电容器喷油、爆炸着火时，应立即断开电源，并用沙子或干粉灭火器灭火。

② 电容器的断路器跳闸，而熔体未熔断时，应对电容器放电 3 分钟后，再检查断路器、电流互感器、电缆及电容器外部的情况，若未发现异常，则可能是由于外部发生故障或电压波动所致，可以投入试运行；否则应进一步对保护设备进行全面通电试验。通过以上检查和试验，如果仍找不出原因，则应拆开电容器组，逐台进行检查试验。未查明原因前，不得投入试运行。

③ 当电容器的熔体熔断时，应向值班调度员汇报，取得同意后，切断电源并对电容器放电后，先进行外部检查，如检查套管的外部有无闪络痕迹，外壳是否变形，漏油及接地装置有无短路等，然后用摇表检测极间和极对地的绝缘电阻值。如未发现故障迹象，可更换熔体继续投入运行。如经送电后熔体仍熔断，则应更换故障电容器。

④ 处理故障电容器应注意的安全事项：处理故障电容器时，应断开电容器的断路器，拉开断路器两侧的隔离开关。由于电容器组经放电电阻（放电变压器或放电 PT）放电后，可能还残存部分没有放尽的电荷，因此仍应进行一次人工放电。放电时先将接地线的接地端接好，再用接地棒多次对电容器放电，直至无放电火花及放电声为止。尽管如此，在接触故障电容器之前，还应戴上绝缘手套，先用短路线将故障电容器两极短接，然后才能动手拆卸。

习 题

一、单选题

1. 低压电容器的放电负载通常是(　　)。

   A. 灯泡　　B. 线圈　　C. 互感器

2. 对电容器组，禁止(　　)。

   A. 带电合闸　　B. 带电荷合闸　　C. 停电合闸

3. 为了检查电容器，可以短时停电，在触及电容器前必须让电容器(　　)。

   A. 充分放电　　B. 长时间停电　　C. 冷却之后

4. 电容器属于(　　)设备。

   A. 危险　　B. 运动　　C. 静止

5. 纯电容元件在电路中能(　　)电能。

   A. 储存　　B. 分配　　C. 消耗

6. 电容器可用万用电表的(　　)挡进行检查。

   A. 电压　　B. 电流　　C. 电阻

7. 电容量的单位是(　　)。

   A. 法　　B. 乏　　C. 安时

8. 使用万用电表检查电容器时，指针摆动后应该(　　)。

   A. 保持不变　　B. 来回摆动　　C. 逐渐回摆

二、判断题

1. 当测量电容器时，万用电表指针摆动后停止不动，说明电容器短路。(　　)
2. 补偿电容器的容量越大越好。(　　)
3. 对电容器放电的方法是将其两端用导线连接。(　　)
4. 电容器室内要有良好的天然采光。(　　)
5. 并联补偿电容器主要用在直流电路中。(　　)
6. 电容器的放电负载不能装设熔断器或开关。(　　)
7. 检查电容器时，只要检查电压是否符合要求即可。(　　)
8. 并联电容器所连接的线路停电后，必须断开电容器组。(　　)
9. 电容器运行时，如果发现温度过高，应加强通风。(　　)
10. 电容器室内应有良好的通风。(　　)

习题答案

第1章

一、单选题

1. C　2. C　3. C　4. B　5. C

6. C　7. B　8. A　9. C　10. A

11. B　12. A　13. C　14. B　15. B

16. A　17. B　18. C　19. A

二、判断题

1. √　2. √　3. √　4.×　5.×

6.×　7. √　8. √　9. √　10.×

11. √　12. √　13. √　14.×　15.×

16.×　17. √　18. √　19.×　20. √

21. √　22. √　23. √　24. √　25. √

26. √　27. √　28. √　29. √　30. √

31. √

第2章

一、单选题

1. B　2. B　3. A　4. B　5. B

6. A　7. A　8. C　9. B　10. A

11. C　12. B　13. A　14. C　15. A

二、判断题

1. √　2. √　3.×　4.×　5. √

6. √　7.×　8. √　9. √　10. √

11. √　12. √　13.×　14. √　15. √

第3章

一、单选题

1. A　2. C　3. B　4. C　5. A
6. C　7. A　8. C　9. C　10. A

二、判断题

1.×　2. √　3. √　4. √　5. √
6.×　7.×　8.×　9. √　10.×
11. √

第4章

一、单选题

1. A　2. A　3. A　4. C　5. A
6. A　7. C　8. B　9. B　10. B
11. B

二、判断题

1. √　2. √　3. √　4. √　5. √
6.×　7. √　8. √　9.×　10.×
11. √　12.×　13. √

第5章

一、单选题

1. A　2. B　3. B　4. C　5. B
6. B　7. C　8. C　9. A　10. C
11. C　12. B　13. B　14. B　15. A
16. A　17. B　18. B　19. B　20. B
21. C

二、判断题

1. √　2. √　3. √　4. √　5.×
6.×　7. √　8.×　9. √　10.×
11.×　12. √　13. √　14. √

第6章

一、单选题

1. C　2. B　3. C　4. B　5. C
6. B　7. B　8. C　9. C　10. B

二、判断题

1. √　2. √　3.×　4. √　5.×
6. √　7. √　8. √　9.×　10.×

第7章

一、单选题

1. A　2. B　3. B　4. B　5. B
6. B　7. A　8. A　9. B　10. C
11. B　12. A　13. A　14. A　15. B

二、判断题

1. √　2. √　3. √　4. √　5.×
6.×　7. √　8.×　9. √　10.×
11. √　12.×　13. √

第8章

一、单选题

1. A　2. B　3. A　4. C　5. A
6. C　7. A　8. C

二、判断题

1. √　2.×　3.×　4.×　5.×
6. √　7.×　8. √　9.×　10. √